本书由扬州大学出版基金资助

银杏雄株资源多样性分析与评价

李卫星　著

吉林大学出版社

图书在版编目（CIP）数据

银杏雄株资源多样性分析与评价 / 李卫星著 .—长春：吉林大学出版社，2019.8

ISBN 978-7-5692-5371-9

Ⅰ . ①银… Ⅱ . ①李… Ⅲ . ①银杏–种质资源–多样性–研究–中国 Ⅳ . ① S664.302.4

中国版本图书馆 CIP 数据核字 (2019) 第 179873 号

书　　名　银杏雄株资源多样性分析与评价
　　　　　YINXING XIONGZHU ZIYUAN DUOYANGXING FENXI YU PINGJIA
作　　者　李卫星　著
策划编辑　曲天真
责任编辑　曲天真
责任校对　张宏亮
装帧设计　西　子
出版发行　吉林大学出版社
社　　址　长春市人民大街 4059 号
邮政编码　130021
发行电话　0431-89580028/29/21
网　　址　http://www.jlup.com.cn
电子邮箱　jdcbs@jlu.edu.cn
印　　刷　天津兴湘印务有限公司
开　　本　880mm × 1230mm　　1/32
印　　张　7.75
字　　数　170 千字
版　　次　2019 年 8 月　第 1 版
印　　次　2019 年 8 月　第 1 次
书　　号　ISBN 978-7-5692-5371-9
定　　价　40.00 元

序

银杏 (*Ginkgo biloba* L.)，物竞天择，风雨兼程，从远古走来，几经罹难，几度沧桑，凤凰涅槃，造福人类。银杏，始终以她“活化石”的秉性，扎根中华、走向世界的家国情怀和天人合一的大爱，阴阳韵道、顶天立地、蝶舞春秋的大美洒向人间都是情、都是善、都是美，“天下谁人不识君”。银杏，抖落岁月风尘，拂去市场的浮躁与泡沫，以其融食用、药用、保健和生态价值于一体，集自然景观和人文景观于一身的深厚沉淀。银杏，惠泽世代，呼唤着一代又一代人去认识她、欣赏她、研究她、利用她、宣传她、发展她。

孟子称君子有三乐，其中一乐即为“得天下英才而教育之”。吾与作者缘于银杏。“大风起兮云飞扬。威加海内兮归故乡。安得猛士兮守四方！” 作者自幼受到其家乡沛县大汉文化的熏陶，大汉雄风激励其对人生目标锲而不舍的追求，“解落三秋叶，能开二月花。过江千尺浪，入竹万竿斜”。“春雨夏云秋夜月，唐诗晋字汉文章”，汉赋的抒情言志滋润着借物抒情、借物寓意的银杏文化，吸引作者渐渐走近银杏；汉画像石中银杏图腾使银杏进入到作者的心田；银杏融入人们的生活、健康和环境，坚定了作者对银杏研究的选择。“志不强者智不达”。作者不忘初心，十多个春秋，十多个年华，执着坚守，耕耘不辍，“任尔东西南北风”“咬住青山不放松”，终于迎来了自己的秋果累累。

银杏雌雄异株，“一阴一阳之谓道，继之者善也，成之者性也”。随着银杏栽培技术的突破并日臻成熟和推广普及，银杏核用生产得到迅猛发展，银杏雌株的种核产量节节攀升。为了促进银杏核用产业的可持续发展，作者在攻读硕士学位研究中，选择了“银杏种核贮藏处理的设计与技术”，揭示了银杏种核的贮藏性状与功能及不同处理对银杏种核贮藏过程中有关成分含量的影响，并提出了相应的贮藏技术与方法，为银杏核用产业发展贡献了自己理论联系实际的研究成果。

我国丰富的银杏资源类型和拥有的银杏基因及其复杂的生长环境演变成银杏生态系统和物种的多样性。银杏在不同地区的生长发育表现是其内在基因与外部环境条件相互作用的结果，环境条件间接作用于银杏种质资源的遗传变异。银杏的生物活性成分含量因不同的性别、种质、繁殖方式、树龄、器官、季节、环境条件等而有明显差异。银杏雄株不仅树形和枝叶形态特征表现出特有的研究与观赏价值，而且其叶片和花粉中特有的营养物质和有效成分，其在授粉树配置、叶用生产、花用生产、生态建设、生态文明、庭园绿化和观赏配置中具有不可替代的位置和作用。银杏雄株由于自身的生殖特性，其光合代谢产物的积累和转化的途径与方式及其呼吸代谢中能量的释放与消耗的差异影响了其在生命周期和年生长周期次生代谢产物的形成、转化与积累，影响了叶片和花粉的功能性成分的含量。选择叶片和花粉高含量生物活性成分的银杏雄株不仅是银杏保健和药用开发利用的迫切需要，也是银杏可持续发展的重要物质基础与支撑。“君子之学必日新，日新者日进也”。面对银杏产业结构和产品市场供需平衡不断被打破，又不断得到新的协调平衡，新的机遇、新的挑战、新的竞争、新的矛盾不断出现，作者根据银杏产业结构调整需要，针对银杏资源类型与特点，选择“银杏雄株资源多样性分析与评价”为攻读博士学位的研究课题，收集、整理、保存银杏雄株资源，经研究分析，系统地揭示了供试银杏雄株资源的种质基因、花粉形态结构、叶片和花粉黄酮类化合物含量的变化等多样性表现，为银杏资源的优化配置及高效开发利用提供了新的理论、技术与方法。

“问渠哪得清如许，为有源头活水来”。《银杏雄株资源多样性分析与评价》既是作者“博观而约取，厚积而薄发”，集多年银杏研究之大成，也是作者站在新的起点和高度对该领域的研究展望。又一位热爱银杏、情系银杏、助力银杏的同道者回眸一粲后正向新的银杏研究目标进发。

银杏的知识海洋中又溶进了一丝清流，参天银杏树上又添了一片绿叶、一枚花穗、一颗种实，……

可喜可慰，谨序志贺。

扬州大学博士生导师、教授

2019 年 8 月

前　言

银杏（*Ginkgo biloba* L.），雌雄异株，其雄株具有重要的经济、生态和观赏价值。我国银杏雄株资源丰富，研究其资源的多样性，评价其各类资源的孢粉学特性和黄酮类化合物等次生代谢物质含量水平，对于银杏雄株的分类、优良株系的选育及其花粉和叶片资源的综合开发利用具有重要的理论和实践意义。本研究在多年研究的基础上，选用江苏扬州、泰州、徐州等银杏主要产区的 86 棵银杏雄株为试材，采用孢粉学和 ISSR 分子标记等技术研究银杏雄株资源的多样性，并利用高效液相色谱（HPLC）技术检测雄株叶片和花粉中黄酮类化合物的含量，运用紫外分光光度法分析银杏叶片中银杏酸的含量，由此综合评价了银杏雄株不同类型的聚类关系，并根据设定的黄酮苷元和总黄酮含量的阈值筛选出银杏雄株优良株系。主要研究结果如下。

（1）通过光学显微镜、扫描电镜和透射电镜观察进行银杏花粉孢粉学研究。结果表明，银杏雄株的新鲜花粉呈球形或椭圆形，极轴长为 19.93 ~ 25.63 μm，赤道轴长为 27.65 ~ 33.97 μm，花粉形状指数（极轴长 / 赤道轴长，P/E）为 0.64 ~ 0.86，其变异系数（CV）分别为 4.87%、6.37% 和 6.72%；干燥花粉赤道面观呈银杏种核状，近极面萌发区呈沟状，其极轴长为 12.05 ~ 20.29 μm，赤道轴长为 26.03 ~ 40.78 μm，P/E 值为 0.43 ~ 0.56，其 CV 值分别为 13.75%、13.26% 和 4.99%；银杏雄株花粉表面纹饰呈球珠镶嵌状、贝甲镶嵌状、线纹镶嵌状、弧纹镶嵌状等四种类型；银杏雄株花粉壁厚度为 0.861 μm ~ 1.076 μm，外壁厚度是内壁的 2~6 倍；供试雄株间上述各项性状指标存在显著或极显著差异。经采用花粉极轴长、赤道轴长及 P/E 值三元变量进行系统聚类分析，供试雄株可分为四种类型，其第Ⅰ、Ⅱ、Ⅲ、Ⅳ类分别覆盖 4 株、34 株、44 株和 4 株。

（2）采用改良 CTAB 法提取银杏雄株叶片基因组 DNA，其条带清晰、完整，迁移率与 λ DNA 相当。应用 $L_{16}(4^4)$ 正交试验设计筛选和优化 ISSR-PCR 分析体系，得到由模板 DNA 50 ng 、10× buffer2 μl、Taq 酶 1.0 U、Mg^{2+} 2.5 mmol · L^{-1}、dNTP 0.20 mmol · L^{-1} 和引物 0.4 μmol · L^{-1} 组成的适于银杏 ISSR-PCR 分析的优化体系。利用 100 个 ISSR 引物分别对试材进行扩增，筛选得到 12 个扩增条带信号清晰的引物，12 个引物对供试银杏雄株扩增出 94 条 DNA 条带，其中多态性 DNA 条带为 56 条，多态位点百分数（P）为 59.5%，每个引物扩增条带 5~11 条，片段大小为 200~2000 bp。供试雄株的平均有效等位基因数（Ne）为 1.7149，平均基因多样度为（H）0.3966，平均 Shannon's 信息指数（I）为 0.5771，具丰富的遗传多样性。供试雄株个体间的 Nei's 距离在 0.0443~0.9667 之间，利用最长距离法进行系统聚类分析，取阈值为 0.8234 时，可分为Ⅰ、Ⅱ两类，取阈值为 0.6342 时，可分为五类。

（3）供试银杏雄株材料的总遗传变异中有10.48%的变异存在于群体间，而群体内的遗传变异为89.52%，明显高于银杏雄株群体间的遗传变异。三个银杏雄株群体的平均有效等位基因数（Ne）分别为1.7199、1.5520、1.5916，平均基因多样度（H）分别为0.3964、0.3066、0.3380，平均Shannon's信息指数（I）分别为0.5760、0.4473、0.4964，其Ne、H、I值的大小顺序完全一致，供试雄株的遗传多样性水平均为扬州株系 > 徐州株系 > 泰州株系。三个银杏雄株群体的基因流（Nm）为4.2710，且群体间的遗传一致度也较高，说明群体间存在广泛的基因交流。

（4）运用HPLC技术分析不同株系叶片主要黄酮苷元的含量，并采用三因子法计算总黄酮苷含量。研究结果表明，提取银杏雄株叶片黄酮类化合物的最佳提取组合为：料液比1∶15，乙醇浓度70%，超声提取时间为40 min，提取温度80 ℃，提取两次。供试银杏雄株间的各黄酮苷元含量和总黄酮含量存在显著差异，叶片的槲皮素、山奈黄素和异鼠李素三种黄酮苷元的平均含量分别为2.381 mg×g^{-1}DW、2.155 mg×g^{-1}DW和1.8515 mg×g^{-1}DW，总黄酮的平均含量为15.99 mg×g^{-1}DW。银杏雄株叶片的总黄酮含量与叶片厚度、比叶重（SLW）呈极显著正相关，其叶片厚度、SLW可作为评价银杏叶片中黄酮类化合物含量水平的重要指标。通过设定黄酮苷元和总黄酮含量的选择阈值，扬州有5个株系（04、05、12、39、49）、泰州有4个株系（59、66、68、74）、徐州有两个株系（80、85）符合叶用标准。

（5）运用 HPLC 技术分析不同株系花粉主要黄酮苷元的含量，并采用三因子法计算总黄酮苷含量。结果表明，供试银杏雄株花粉的槲皮素、山奈黄素和异鼠李素三种黄酮苷元的平均含量分别为 0.327 $mg \times g^{-1}$DW、7.891 $mg \times g^{-1}$DW 和 0.254 $mg \times g^{-1}$DW，其中山奈黄素含量相对较高，三种黄酮苷元的含量差异较大；总黄酮的平均含量为 22.430 $mg \cdot g^{-1}$ DW，高于叶片。叶片和花粉两者间总黄酮含量的相关系数为 0.9270^{*}，呈显著正相关。通过设定黄酮苷元和总黄酮含量的选择阈值，扬州有 14 个株系（02、04、05、08、10、11、12、16、18、34、39、44、46、49）、泰州有 5 个株系（59、63、66、68、70）符合花粉用标准。

（6）本研究连续两年在不同时期采集扬州大学银杏种质资源圃生长条件一致的银杏雄株不同部位叶片，采用分光光度法分析了不同处理叶片的银杏酸的含量，旨在明确银杏酸的提取分离技术和检测方法及银杏雄株叶片银杏酸的变化规律，并优选出低酚酸成分的银杏雄株。结果显示，银杏雄株叶片银杏酸的含量 9 月 30 日、10 月 15 日的较高，7 月 30 日、8 月 15 日的较低；长枝叶片中酚酸类物质的含量低于短枝叶片的含量；本地区银杏雄株采叶应在 7 月底至 8 月上、中旬，此时的叶片中银杏酸的平均含量为 1.372%、1.361%；研究供试 9 株银杏雄株间叶片的银杏酸含量差异显著，58 号的银杏酸类含量为 1.404%，低于平均水平，可作为低酚酸银杏雄株供进一步试验研究，以决选出低酚酸银杏雄株。研究结果可为筛选低酚酸成分银杏叶用种质资源提供一定的理论依据和物质基础。

第一章　文献综述……1

1 银杏植株的性别鉴定研究……2

1.1 形态学标记……2

1.2 细胞学标记……3

1.3 生物化学标记……3

1.4 分子标记……4

2 银杏花粉的研究……5

2.1 雄花的特点……5

2.2 花粉的发育……6

2.3 花粉的形态特征……8

2.4 花粉的结构特征……9

2.5 银杏花粉的应用研究……10

3 银杏种质资源遗传多样性的分子标记研究……13

3.1 种质资源的遗传图谱构建……14

3.2 RAPD 分子标记……15

3.3 RFLP 分子标记……17

3.4 AFLP 分子标记……17

3.5 ISSR 分子标记……18

4 银杏有效成分代谢与变化研究 20
4.1 银杏的植物学与经济学性状 20
4.2 有效成分的代谢特点 21
4.3 银杏叶片黄酮含量的变化规律 26
4.4 银杏雄株有效成分的提取、分离和检测 28
4.5 有效成分的开发利用 35
5 本研究的意义和主要内容 43
5.1 本研究的重要意义 43
5.2 本研究的主要内容 45

第二章　银杏雄株资源多样性的孢粉学研究 47

1 材料与方法 49
1.1 试验材料 49
1.2 花粉粒形态特征与结构的观测 50
1.3 银杏雄株花粉形态特征的聚类分析 50
1.4 数据分析方法 50
2 结果与分析 50
2.1 花粉粒的形态大小观测 50
2.2 花粉壁雕纹特征与差异 51
2.3 花粉粒形态特征的聚类分析 53
2.4 花粉壁结构的 TEM 观测及其雄株类型间的差异 56
3 讨论 59
3.1 银杏雄株多样性孢粉学研究的可行性 59
3.2 花粉粒的外观形态结构特征 59
3.3 花粉外壁表面纹饰的多样性 60
3.4 花粉形态结构的系统聚类分析 61

图 版 63

第三章 银杏雄株资源多样性的ISSR标记分析 73

1 材料与方法 75
1.1 试验材料 75
1.2 主要仪器和设备 76
1.3 主要药品和试剂 76
1.4 银杏雄株叶片基因组DNA的提取与纯化 76
1.5 银杏基因组DNA质量的检测 77
1.6 PCR扩增 77
1.7 ISSR引物的筛选 80
1.8 统计分析 80
2 结果分析 80
2.1 叶片基因组DNA提取与质量检测 80
2.2 ISSR-PCR反应体系的优化与建立 83
2.3 银杏雄株ISSR标记的引物筛选 88
2.4 银杏雄株ISSR标记的聚类分析 90
2.5 银杏雄株遗传多样性的比较分析 92
2.6 银杏雄株群体遗传多样性的比较分析 94
2.7 银杏雄株群体间的遗传分化分析及聚类分析 95
3 讨论 96
3.1 ISSR-PCR反应条件对研究结果的影响 96
3.2 银杏雄株ISSR标记的聚类分析 98
3.3 银杏雄株种质资源的遗传多样性分析 99
3.4 三个银杏雄株群体的遗传分化分析 100
附：12个引物的扩增结果图 101

第四章 银杏雄株叶片黄酮类化合物含量的分析 105

1 材料与方法 107

1.1 试验材料 107

1.2 仪器与试剂 107

1.3 黄酮类化合物的提取 108

1.4 黄酮类化合物的 HPLC 检测 110

1.5 雄株相关植物学性状的测定 111

2 结果与分析 112

2.1 黄酮类化合物提取最佳体系的筛选 112

2.2 银杏雄株叶片黄酮含量分析 114

2.3 银杏雄株叶片黄酮类化合物含量的相关性状分析 121

3 讨论 122

3.1 开展银杏雄性株系叶片指纹图谱研究的意义 122

3.2 叶片黄酮苷元及总黄酮含量的变化规律 123

3.3 叶片总黄酮含量优良株系的选择 124

附：银杏叶片高含量黄酮类化合物优选雄株的 HPLC 色谱图 126

第五章 银杏花粉黄酮类化合物含量的分析 129

1 材料与方法 131

1.1 试验材料 131

1.2 仪器与试剂 131

1.3 花粉中黄酮类化合物的提取 132

1.4 黄酮类化合物的 HPLC 检测 132

1.5 雄花形态指标、花粉性状指标的测定 132

2 结果与分析 133

2.1 黄酮含量的分析……133
2.2 叶片和花粉中黄酮苷元及总黄酮含量的比较……140
2.3 银杏雄株花粉黄酮类化合物含量的相关性状分析……140
3 讨论……141
3.1 开展银杏花粉黄酮苷元指纹图谱研究的意义……141
3.2 花粉的破壁方法……142
3.3 花粉中主要黄酮苷元的含量……143
附：银杏花粉高含量黄酮类化合物部分优选雄株的 HPLC 色谱图……145

第六章　银杏雄株叶片银杏酸含量的分析……151

1 材料与方法……153
1.1 供试材料……153
1.2 仪器与试剂……153
1.3 银杏雄株银杏酸类化合物的 UV 检测方法……154
2 结果与分析……155
2.1 不同采叶期叶片中银杏酸的含量……155
2.2 银杏雄株不同类枝条着生的叶片中酚酸类成分含量的差异……158
2.3 银杏酸含量较低的雄株优选……158
3 讨论……160
3.1 叶片银杏酸含量的检测分析方法……160
3.2 叶片银杏酸的含量变化研究……160

第七章　主要结论与创新点……162

1 主要结论……162

1.1 基于孢粉学分析的银杏雄株资源多样性 162
1.2 基于 ISSR 分子标记的银杏雄株资源多样性 163
1.3 基于 HPLC 分析的银杏雄株叶片黄酮类化合物含量 164
1.4 基于 HPLC 分析的银杏雄株花粉黄酮类化合物含量 164
1.5 银杏雄株叶片银杏酸含量的分析 165
2 创新点 165
3 下一步打算 166

参考文献 167

附录：

缩略语词 206
银杏容器扦插育苗技术规程 208
银杏大树移栽技术规程 220

致谢 231

第一章　文献综述

银杏（*Gingko biloba* L.）是我国古老的孑遗树种，集食用、药用、材用、保健、绿化、观赏为一体，被公认为“活化石”（Jacobs & Browner，2000；Zheng & Zhou，2004；陈鹏，2002，2006a；Ma & Zhao，2009；Yan et al.，2009）。关于银杏的起源，我国学者（李星学，1981）研究认为起源于3.45亿年前的石炭纪，国外学者（Seward，1938；Tralau, 1968；Willis & Mcelwain, 2002）认为银杏类起源于1.8亿年前的三迭纪或者约2.5亿年前的二叠纪。美国学者（Tredici, 1991）研究认为银杏属起源于1.9亿年前的侏罗纪早期，到了白垩纪后期及新生代第三纪逐渐衰亡，第四纪冰川之后，在中欧及北美等地的银杏全部灭绝，仅在中国保存一属一种即现在的银杏属银杏种，而后银杏又在我国逐渐繁衍、传播到国外，在世界范围广泛分布（何凤仁，1989；陈鹏，1991；林协，2001；Kuddus et al., 2002；Beek，2005；Gong et al., 2008；Beek & Montorob，2009）。荷兰东印度的Kaempfer首次认定了银杏属名Ginkgo，1771年林奈接受了Kaempfer的属名，并把银杏命名为Ginkgo biloba L.（邢世岩等，2004），林协和张都海（2004）认为天目山是银杏原生种群的避难所，历尽沧桑，在自然界繁衍至今，是我国银杏原生种群残存地之一。Gong等（2008）也支持上述观点，并且认为种植在欧洲、日本、韩国和美国的银杏树是多次引种自中国的东部。在韩国城市的行道树中，银杏是最主要的树种，数量达到了 43.2%（Yun et al., 2000）。

我国的银杏资源丰富，目前在资源多样性、有效药用成分的含量、提取、功效等方面的研究取得了一定的进展（Beek，2005；Farlowa et al.，2008），对合理开发和保护银杏资源有重要的理论与实践意义。银杏雌雄异株，长期以来，我国银杏生产主要以核用为主，因而雌株的研究和应用已得到了较广泛的开展（何凤仁，1989；陈鹏，2004，2006b，2007）。银杏雄株主要用于授粉树配置、行道树栽培，或散植在寺庙、庭院等处作为绿化观赏树，一般分布较分散，且树体高大，也有一些研究和开发利用的报道（陈鹏，1999；Beek，2000；Chen et al.，2003）。

1 银杏植株的性别鉴定研究

1.1 形态学标记

国内外学者曾在银杏雌雄株的形态学、生理生化指标、同工酶谱、化学药剂处理和染色体核型鉴定等方面进行了研究。通过形态特征来鉴定植株性别，只需对植株的形态特征做细心观察对比，比较简单直观，有一定的可行性。有研究者观察到银杏不同性别植株在叶片大小、叶型、冠型、枝节间长短以及根系等方面存在差异，也有研究发现银杏雌雄株的物候期不同，雄株的萌动、展叶、现蕾、开花等比雌株一般要早 3~6 天，雌株要求的积温比雄株高（陈学森，1996；陈中海和陈晓静，2000）。也有研究报道，银杏雌雄株的主侧枝间夹角、树冠、叶片、花序、花芽等外观形态上也存在较明显的差异（曹福亮，

2002；盛宝龙等，2004）。这些差异有些显而易见，有些则是在特定条件下的生产实践和经验总结，并非稳定的遗传性状，因而尚需进一步研究。

1.2 细胞学标记

银杏染色体的形态特征观察是雌雄株性别鉴定的重要方法之一，国内外有关银杏染色体组成及性染色体的研究已有一些报道。Willian 和 Thomas（1986）在前人研究的基础上，对银杏雌雄株的染色体进行了核型分析，发现雌株有 3 个染色体含有随体，而雄株则比雌株多 1 个染色体含有随体，这为银杏雌雄株鉴别提供了最直接的遗传学证据。

1.3 生物化学标记

同工酶是指能催化同一种化学反应而酶蛋白本身的分子结构组成却有所不同的一组酶的总称，其形成是生物在进化过程中对代谢适应的结果。同工酶是性别分化基因和其 mRNA 在蛋白质水平上的体现，是基因在各种水平调控下表达产生的直接产物，因此其研究也就是以基因产物认识基因的存在和表达，由表现型反映基因型（詹亚光等，2006）。在银杏方面，主要集中在通过过氧化物酶和脂酶同工酶进行性别鉴定研究。温伟庆等（2002）证明，银杏雌株和雄株过氧化物酶和过氧化氢酶差异较大，雄株的过氧化物酶和过氧化氢酶活性均大于雌株，在银杏幼苗幼树期酶活性高时表现更稳定。温银元等（2010）研究认为，银杏雌雄株间 SOD 同工酶、酯酶同工酶和 ATP 含量不存在差异，POD 同工酶谱带有明显而稳定的差异，雄株有 3 条谱带，雌株有 6 条谱带，可作为银杏试管苗性别鉴定的指标。岩奇文雄（1986）曾利用植物对氯化钾的抗性来鉴别银杏雌雄株，但需时较长，药效反应也不明显，后来根据银杏叶片在重铬酸钾（0.4%~1.0 %）或硫酸铜（1%~5 %）溶液中的显色反应鉴别雌雄性别，具有操作方便、便于掌握的特点，但可靠性不好。

1.4 分子标记

近年来，分子生物学技术已发展成为鉴定植物性别的新技术新方法，且结果相对准确、可靠，已经在银杏植株性别的早期鉴定中取得较大突破（Jiang et al.，2003； Liao et al.，2009）。

王晓梅等（2001a，2001b，2002）分别利用 RAPD 和 AFLP 技术，来检测银杏雌雄株基因组 DNA 的多态性，筛选与银杏性别相关的分子标记，结果获得 1 个与银杏雄性基因组相关的 RAPD 序列 TGATCCCTGG；在研究了 48 个 AFLP 引物组合时，又发现其中 3 个引物组合各提供了 1 个与雌性相关的分子标记。Jiang 等（2003）在利用 RAPD 技术寻找银杏性别相关分子标记时，得出一条大小为 682 bp 的雄性特异分子标记。张建业等（2004）克隆了银杏雄株全长 LEAFY 基因（一个花分化组织特征基因，并调控植物开花的时间），该基因序列与 Genebank 中银杏雌株 LEAFY 基因核苷酸和蛋白质序列的同源性都高达 99%，该全长基因含两个内含子，3 个外显子，与雌株 LEAFY 基因相比较，雄株 LEAFY 基因少 3 个碱基，突变均在植物 LEAFY 基因的非保守区内。余立辉等（2006）等对银杏 DNA 提取及利用 RAPD 技术分析后，获得结果认为，同一引物分别扩增的雌、雄株 DNA 的电泳图谱有一定差异，但由于只以一对雌、雄株品种为材料，对这种差异是否为性别相关的遗传标记未做定论。Liao 等（2009）对分离出的银杏 DNA，利用 RAPD 标记筛选样本，发现了雄株的 571 特异条带，用 SCAR 引物来测试 16 株样品，验证结果达 100%，认为 SCAR 引物可作为银杏性别鉴定有效、方便、可靠的分子标志物。这些标记的获得，不仅为银杏性别的早期鉴定提供了可靠的理论依据，而且具有重要的理论意义和实用价值，为克隆银杏的性别相关基因奠定了基础。

2 银杏花粉的研究

花粉形态结构因植物种类而异，是植物分类的重要依据之一。花粉形态结构的研究是孢粉学的重要内容，并早已应用于植物多样性研究方面(王宪曾等，2005)。植物的花粉形状独特、外壁结构复杂、纹饰细腻，遗传上具有较强的保守性和稳定性，这对于鉴定植物的种和品种，探讨植物的分类、起源和系统演化具有重要意义（阳志慧等，2009）。经济林果孢粉学研究涉及树种较多（姜正旺等，2004；郭芳彬，2006；Skribanek et al.，2008；Wang et al.，2010），主要包括苹果（钱关泽，2005）、梨（甘玲等，2006）、桃（王国荣等，2006）、葡萄（张玉刚和郭绍霞，2005）、树莓（王小蓉等，2006）、银杏（赵文飞，2004；周宏根等，2002；凌裕平，2003；Norrtog et al.，2004；Vaughn & Renzaglia，2006；郝明灼等，2006）等。

2.1 雄花的特点

银杏雄株有长短枝之分，长枝上的腋芽均可转化成短枝，银杏雄花着生在短枝的顶端，每个短枝上有 5~8 个雄花（Marcus & Thomas，2004）。雄花的形态呈柔荑状花序，花序的形状为长圆柱形或短圆柱形，其形状的差异主要由花序的长与宽的变化所决定，长约为 2.42 ~3.47 cm，宽约为 0.58 cm ~0.75 cm，由位于中间的主轴和螺旋状排列的小孢子叶组成，其中主轴的长度约为 0.60~1.16 cm，小孢子叶的数量约为 60 个左右（周宏根等，2002）。通常每个小孢子叶上着生两个小孢子囊，但有的可着生 3 个或 4 个小孢子囊。小孢子囊形态呈长椭圆状或船形，长约为 2.55~2.77 mm，宽约为 1.71~1.99 mm（Marcus & Thomas，2004；Xiu et al.，2006）。周宏根等（2002）认为花药数最多为 156 个，最少为 44 个，且雄花序花柄的长与宽与花序的长与宽变化呈正相关；花药的长、宽与长 / 宽的变化与花序及花柄的长、宽和长 / 宽的变化与花序及花柄的长、宽和长 / 宽的变化不成对应关系，性状相对独立。赵文飞（2004）研究认为银杏各无性系、单株小孢子直径差异极显著，最粗的无性系是最小单株的 1.21 倍，大多数无性系、单株花粉直径大于 28 μm，各无性系、单株银杏花粉极轴长差异极显著，并从无性系中筛选出穗直径最粗的单株和小孢子叶球小花（花药）数最多的单株，且各无性系、优良单株小孢子叶球出粉率，差异很大，无性系、单株之间小孢子叶球鲜重差异极显著。

对银杏雄性生殖器官化石的研究，主要集中在花粉囊和小孢子叶，而对于花粉的研究结果，因为花粉化石数量太少、保存比较零碎，存在诸多不确定因素，因而仅仅是简单的描述，难以展开深入的研究（刘秀群，2005；Xiu et al.，2006 ）。

2.2 花粉的发育

有关银杏花粉发育的研究资料较多，Friedman（1987a，1987b）用改进的培养基使银杏花粉在较短时间内萌发，利用计算机重组技术对萌发过程做了详细的报道，并将其分为 4

个阶段：（1）弥散生长；（2）顶端生长；（3）侧向萌发；（4）花粉管不分枝的一端膨大，雄配子体达到成熟。张仲鸣等（2000）的研究也发现了上述四个阶段，且认为银杏雄配子体的萌发有其独特的一面，认为弥散状生长是种子植物范围内的唯一特例；由于缺少相关的内部结构实验证据，认为还无法判断侧向萌发是一种偶然现象还是银杏的一个稳定生物学特征。这些现象和特征可能暗示了银杏雄配子体发育过程存在独特的一面，对其中的一些现象和环节开展更加深入的研究将为科学认识银杏的生物学特性和系统学地位提供有价值的资料（熊壮和曹福亮，2010）。刘俊梅等（2001）通过改进配方的培养基，用 6 d 时间就培养得到了足够长的花粉，在花粉萌发的过程中也发现了管核的转向现象。胡君艳等（2008）结果表明：培养 5 d 是进行花粉萌发率测定的最佳时期，试验用三种染色法的测定结果中，只有 TTC（氯化三苯基四氮唑）法比较接近离体萌发法测定的结果，碘—碘化钾法和过氧化物酶法结果都严重偏低。赵文飞（2004）测定泰安、郯城 9 个无性系花粉活力，结果表明，花粉的活力一般都在 60% 以上，但各无性系间花粉的活力差异不大。

王燕和张黎明（2002）比较了室温、−2℃ ~5℃、−5℃ ~10℃三种贮藏温度对花粉生活力的影响，结果表明：三种贮藏温度之间有极显著差异，即在 2℃ ~5℃的条件下，银杏花粉生活力最高，在花粉贮藏 14 d 后，其生活力仍达 65%，基本符合生产要求。赵文飞 (2004) 认为树龄对银杏小孢子活力的影响较大，随年龄的增加，小孢子活力增加，300 年左右树龄的小孢子萌发率最高，以后逐渐降低。

2.3 花粉的形态特征

Audran 和 Masure（1978）研究发现，银杏成熟花粉多为两侧对称的船形，中部宽，端部骤尖，具有单萌发孔，萌发区的长度几乎与整个花粉的长轴等长（Johnna et al.，1972）；间或有少量的为多角形或其他形状，萌发区的边缘间距距离不等（Audran & Masure，1978）。也有学者研究认为还存在少量的纺锤形、橄榄形、梭形、长椭圆形或椭圆形（凌裕平，2003；Xiu et al.，2006；Mundry & Stutzel，2004）。张仲鸣等（2000）认为观察到这些外形是由于花粉已经适应性地失水，并且巨大萌发区已内陷的原因，刚刚散出的银杏成熟花粉仅少数为船形，大部分应该是近圆球形。花粉形态上的差异可能是由失水的不同程度所致，当花粉在空气中或 −20℃的贮藏条件下停留一段时间后就会呈现为两侧对称的船形。船形花粉遇水或足够多的培养液时，在不到 1 min 的时间内又会恢复为圆球形。也有学者研究认为银杏雄株花粉粒的形态、大小具显著差异，是长期的演变与分化的结果（Walker et al.，1976；王宝娟等，2005）。张仲鸣等（2000）的研究认为光学显微镜下银杏的花粉轮廓不太清楚。花粉在空气中或冷藏条件下滞留一段时间后变为船形，此时的花粉被认为具有一长线形的萌发沟；在扫描电子显微镜下，圆形花粉有较大的单一萌发区，萌发区边缘的外壁呈两个半圆的形状，两个半圆有一定的角度。尚未失水的成熟花粉或吸水后充分膨大的圆形花粉，其两个半圆形的外壁几近相互垂直。也有学者对侏罗纪银杏类花粉化石进行观察，表明其形态为船形，有 3 层花粉壁，外壁表面有瘤状突起（Kvacek et al.，2005；Liu et al.，2006）。这与失水状态下银杏花粉的形态相似。这又表明尽管银杏经过了漫长的时代，花粉的形态变化并不大。

2.4 花粉的结构特征

花粉外壁超微结构是花粉形态研究最重要的内容之一，是探讨系统发育与演化不可缺少的重要因素。不同种群的植物花粉外壁结构不同，同时，外壁超微结构的变化也反映植物系统演化的水平和规律（Hesse，1991）。花粉外壁的演化过程蕴藏着对生存环境的适应，避免遭受复杂环境的破坏，同时又可以调解体积的变化。从遗传学层面分析，复杂的外壁结构又为识别蛋白提供了特定的贮存空间（Nowicke & Ridgway，1973；Nowicke & Skvarla，1974）。

银杏花粉外壁为具覆盖层外壁和薄壁萌发区域，基粒棒之间有空隙，与微孔相连，吸水后覆盖层部分的厚壁组织伸展，暴露萌发区，失水收缩时覆盖层覆盖萌发区，对薄壁萌发区有保护作用；同时还能看到一个肥大的生殖细胞，长 10.32~11.28 μm，坐落在赤道轴附近，为 2—细胞型花粉，银杏花粉萌发器为具多环孔，属于内萌发器，银杏花粉的厚壁组织部分的表面纹饰为瘤状纹饰，凌裕平（2003）观察认为包括光滑型、粗糙型和中间型 3 种类型。郝明灼（2006）通过扫描电镜对来自不同产区的 5 个银杏雄株的花粉进行观测，发现不同雄株花粉表面的纹理、光滑程度、有无小孔和有无颗粒状突起均存在差异。王国霞（2007）借助扫描电镜对 33 个银杏古树雄株的花粉外壁形态特征进行观察，发现有许多细微特征表现出了特异性，存在比较明显的差别，主要表现在外壁光滑程度、纹饰特征和微孔情况等方面。王宝娟等（2005）研究认为，在长期的演变与分化中，银杏雄株花粉粒的外壁结构及其表面雕纹等表现出丰富的变异。根据 Walker（1976）对原始被子植物花粉外壁纹饰演化规律的研究，王国霞（2007）基于观察的银杏花粉外壁纹饰，推测银杏花粉的演化规律为：表面光滑、不具明显纹饰→表面粗糙、有穴状或脊状突起→兼有条纹状纹饰和点状纹饰、多有穴状或脊状突起→仅有条纹状纹饰、从不规则分布到 2~3 条近平行分布，并根据银杏花粉的超微形态特征，参考植物定距式（级次式）检索表的创建方法，构建了 33 个银杏单株的花粉的定距式检索表，以便把不同单株的花粉区分出来。上述结果表明，银杏花粉形态既具有一致性，又具有多样性和复杂性。花粉结构、外观形态的多样性特征也说明银杏树种在不断地进行演化和发展，且进化程度不一。

2.5 银杏花粉的应用研究

2.5.1 有效成分的概况

花粉在国际上被称为“完全营养品”，其所含营养物质的全面和均衡性在自然界中还没有任何其他天然食物可以与之媲美（王亚敏等，2005）。银杏花粉中富含人体必需的蛋白质、氨基酸、维生素、脂类、矿质元素等多种营养成分以及黄酮、萜内酯等生物活性物质。其中，可溶性糖含量在 3.598%~4.425% 之间，蛋白质含量在 1.398%~1.797% 之间，且不同矿质元素的含量存在很大的差异，其中 P、K、Mg、Ca 含量最高，Al、Ba、Cr、Ni、Pb、Si、Sr、Ti、Cu、Zn、Fe 含量次之， Cd、Mo 和 Co 含量最低（赵永艳等，1997）。王国霞和曹福亮等（2007）的研究结果表明，银杏花粉中含有人体所必需的 8 种氨基酸、多种维生素及脂肪酸，氨基酸总量为 23.43 mg/100 g，VC、VB_1、VB_2 含量分别为 14.9556 mg/100 g、12.9483 mg/100 g、65.0715 mg/100 g，脂肪酸组成为棕榈酸（21.7%）、硬脂酸（7.5%）、油酸（27.7%）、亚油酸（6.0%）、亚麻酸（16.2%），银杏花粉总黄酮含量为20.44 mg/g，内酯成分（银杏内酯）含量为2. 22 mg/g。邢世岩等（1998b）认为银杏花粉黄酮含量与花粉的生活力呈显著正相关，与树木年龄则呈显著负相关。包宏等（1999）研究认为花粉壁主要组成分孢粉素含量为15%。

花粉中的黄酮是重要的保健成分，可有效降低血脂和胆固醇，对心脑血管系统疾病有很好的预防效果，此外还具有消炎、活血化瘀、抗菌杀毒等作用（石玉平等，2005）。花粉中黄酮类化合物含量广泛而丰富，一般以黄酮苷的形式存在。目前在花粉中研究发现的黄酮类化合物有：黄酮醇、槲皮酮、山奈酚、杨梅黄酮、木樨黄素、异鼠李素、原花青素、二氢山奈酚、柚（苷）配基和芹菜（苷）配基等（李英华等，2005）。王国霞（2007）对银杏花粉的研究表明，银杏花粉中其黄酮以山奈素为母核的黄酮醇所占比例最大，以槲皮素和异鼠李素为母核的黄酮苷的含量相对较少，与银杏叶中黄酮含量相比，花粉中的黄酮含量稍高一些。与其他花粉相比，银杏花粉的总黄酮含量大于玉米花粉（9.2 mg/g）、黑松花粉（2.0 mg/g）、野菊花花粉（5.9 mg/g）和苹果花粉（1.2 mg/g）中的黄酮含量，与荞麦花粉中黄酮的含量相当。银杏花粉的品质较高，适合于保健品的研究开发（王宪曾，2005）。

利用银杏花粉中特有的化学成分，建立银杏花粉的化学成分指纹图谱是银杏花粉研究的一个方向，可以为银杏雄株选育提供科学的理论依据。为银杏花粉资源的医疗保健价值提供质量控制依据，因此，开展银杏花粉成分、特性的系统研究具有重要的意义（柳闽生等，2006）。

2.5.2 有效成分的提取与分析

目前对于银杏花粉的功效成分研究相对较少，能检索到的文献大多集中在花粉生产工艺的研究方面（李维莉等，2006；郝功元等，2009a，2009b；汪贵斌等，2005）。银杏花粉有效成分的提取方法主要包括有机溶剂提取法、微波辅助法和超声波辅助法。郝功元等（2009b）通过比较 4 种不同的银杏花粉破壁方法对银杏花粉的破壁效果，认为匀浆机破壁法优于其他破壁方法，并优选出匀浆机破壁的最佳工艺参数为：转速 15 000 r/min、花粉（g）与水（mL）的配比即料液比 1∶50、时间 10 min，破壁率可达 99. 6%。李维莉（2006）等采用索氏提取有机溶剂萃取法及超声波提取法，用 75% 乙醇提取，用乙酸乙酯及正丁醇萃取，采用正交实验对提取工艺进行研究，结果表明正丁醇萃取法总黄酮提取率明显高于乙酸乙酯萃取法，确定银杏花粉总黄酮的提取法适宜采用 75% 乙醇为溶剂，回流提取 1~1.5 h 或超声提取 30 min。郝功元等（2009a）优选了颗粒活性炭作为银杏花粉粗多糖的脱色材料，并筛选出颗粒活性炭脱色的最佳工艺参数为脱色时间 4 h、脱色温度 50 ℃、脱色剂用量 0.15 g/mL。

TLC、柱色谱、GC、HPLC、NMR、红外光谱、MECC 等近代分析方法在花粉的化学成分分析中均有应用。国内对银杏花粉中有效成分的分析测定多采用 HPLC，曹福亮等（2007）采用高效液相色谱测定，结果表明银杏花粉总黄酮含量平均 20.44 mg/g，并且首次发现银杏花粉中的内酯成分为 GA，其含量平均在 2.22 mg/g。以花粉中的总黄酮含量、天然维生素 E、灭菌效果和维生素 E 添加剂作为评价指标，研究加热温度和加热时间对银杏花粉制品中的活性物质的影响，结果发现温度和时间处理对银杏花粉中总黄酮含量的影响不显著，在加热温度 80 ℃，灭菌时间为 20 min 的条件下，各种营养物质的损耗最小（汪贵斌等，2005）。

2.5.3 花粉的开发

银杏花粉资源具有较大的开发价值，一是含有人体所必需的多种营养成分，其中氨基酸、可利用的矿物元素和多种维生素的含量均高于一般常见的植物花粉；二是银杏花粉具有医疗保健作用，有抗衰老，嫩肤养颜，防治头发脱落，祛斑除皱，防止贫血的作用，是人类最理想的保健品之一；三是因为我国是银杏资源的原产地，银杏花粉的资源十分丰富（王宪曾，2005）。国内对银杏花粉的研究开发主要集中于两个方向，一是将天然花粉直接进行消毒杀菌，经过包装后进入销售领域；二是将花粉作为原料之一，根据产品的特定对象，添加具有特殊功效的某些成分，使花粉产品在提供给人们营养的同时，具备特殊的保健和治疗功效。

3 银杏种质资源遗传多样性的分子标记研究

遗传多样性（genetic diversity）广义指地球上所有生物所携带的遗传信息的总和，狭义指种内不同群体之间或一个群体内不同个体的遗传多态性程度，即遗传变异。检测遗传多样性的方法随生物学尤其是遗传学和分子生物学的发展而不断提高和完善。从形态学水平、细胞学（染色体）水平、生理生化水平、逐渐发展到分子水平（AI et al.，2007；Gong et al.，2008；Lu et al.，2009）。

分子标记技术是20世纪80年代以来开创的，建立在遗传物质DNA基础上的一种新型的遗传标记。分子标记与传统的遗传标记——形态标记、细胞学标记、生化标记相比具有多态性水平高、数量多、直接以DNA的形式表现，许多分子标记表现为共显性，能区分纯合基因型与杂合基因型，提供完整的遗传信息、非等位基因间无上位性作用，互不干扰等特点。近年来，随着分子技术的发展，DNA分子标记技术已广泛应用于木本植物遗传育种、遗传作图、基因定位与克隆、亲缘关系及性别鉴定、遗传多样性研究等诸方面（Robert et al.，2003；Jin et al.，2004；Shen et al.，2005；Roh et al.，2007；Rania et al.，2008；Hend et al.，2009；Basha et al.，2009；Thimmappaiah et al.，2009；俞明亮等，2010；Hasnaoui et al.，2010）。在植物种质资源评价中应用较多的是RFLP、RAPD、AFLP、ISSR及SRAP等标记。银杏是单科属种较为原始的植物，其种群体内尤其自然群体内的遗传多样性要比一般禾本科作物高得多（Kuddus et al.，2002）。

3.1 种质资源的遗传图谱构建

遗传图谱是通过遗传重组交换结果进行连锁分析所得到的基因在染色体上相对位置的排列图，它的构建是根据某一多态性DNA片段在分离群体中分离情况的直接观察统计而实现的。遗传图谱的构建是当今植物学研究的前沿课题，也是基础研究范畴，高密度分子遗传图是基因定位、克隆、分离及分子标记辅助选择育种的基础。谭晓风等（1998）用RAPD分子标记构建了第一张银杏分子遗传图谱。该图谱共有62个RAPD标记，19个连锁群，总长度为829.1 cm，覆盖了银杏基因组的1/3。

桂仁意（2004）利用 ISSR 和 RAPD 标记，以 95 个大配子体为作图群体构建了银杏连锁图谱，整个连锁图谱的图距为 1 742.2 cm，连锁图标记间的平均图距为 10.82 cm，最大的连锁群图距为 261.2 cm，最小的连锁群图距为 62.4 cm。并首次估计了银杏基因组的遗传图距，其大小为 2 200.73 cm。对银杏 ITS 区序列测定结果表明，银杏 ITS 区（含 5.8 S）总长为 1 224~1 226 bp，其中 ITS1 长度为 821~823 bp，5.8 S 长度为 162 bp，ITS2 长度为 241 bp。可见银杏遗传图谱的构建尚属起步，还不完善。为构建高密度银杏分子遗传图谱，应进一步开展分子标记技术的应用研究。曹福亮等（2005）以 44 个银杏主要栽培品种为材料，应用 ISSR 分子标记为手段，利用 5 个标记所产生的 16 个多态位点绘制 44 个银杏栽培品种的 ISSR 指纹图谱，对品种进行了区分，并结合 RAPD 分子标记对该栽培群体的遗传多样性进行了研究。结果表明，ISSR 所估算出的平均有效等位基因数目、基因多样度和 Shannon 指数分别为 1.730 7，0.410 1 和 0.596 3，而 RAPD 所估算出的值分别为 1.573 5、0.333 1 和 0.497 9，说明该群体有较高的遗传多样性，同时表明 ISSR 技术在估算银杏遗传多样性时较 RAPD 更为精确。

3.2 RAPD 分子标记

RAPD 即随机扩增多态性 DNA（Random Amplified Poly-morphic DNA， RAPD），它是 1990 年由美国杜邦公司和加利福尼亚生物研究所几乎同时提出的一种分子标记技术（Davis & Mcgowan，1995），它是以基因组 DNA 为模板，采用一个随机的寡聚核苷酸序列（通常为 10 bp）做引物，通过 PCR 扩增反应，产生不连续的 DNA 产物，通过凝胶电泳检测 DNA 序列的多态性。

Kuddus 等（2002）利用 RAPD 对美国 3 个地区共 14 株银杏的遗传多样性做了分析，结果发现，宾夕法尼亚银杏的多态位点百分率为 5%。三个采样点各取两株进行分析时，发现尼亚加拉瀑布的两株银杏与华盛顿群体有 45% 差异性条带。经 F 检验证实，宾夕法尼亚及华盛顿特区的银杏遗传结构极为相似 ($P > 0.999\ 9$)，而与尼亚加拉瀑布银杏不同 ($P < 0.05$)，并推断在美国可能存在不同的银杏群体，且遗传多样性比较高。Fan 等（2004）利用 RAPD 分析了来自中国的 9 个银杏群体的遗传多样性，结果表明：总变异的 89% 存在于群体内，11% 存在于群体间，中国银杏群体的遗传多样性高于日本及北美的银杏群体，且推断日本及北美的银杏来源于中国。刘慧春（2005）利用 RAPD 标记研究了我国重要的古银杏群落分布地——湖北随州的古银杏遗传多样性，结果显示该地区古银杏的多态位点百分率为 99.04 %，基因多样性为 0.3241，Shannon's 多态性信息指数为 0.4887，观测等位基因数和有效等位基因数分别为 1.9904、1.5495，群体间有一定的遗传分化 (GST=0.2897，ΦST=24.22 %)，基因流 Nm 为 1.3075。

莫昭展等（2007）采用改进的 CTAB 法提取来自 11 个省的 40 株银杏雄株叶片的基因组 DNA，随机引物经初筛和复筛后用于 RAPD 扩增，并运用 POPGENE 软件分析银杏雄株种质资源的遗传多样性。从 100 多对随机引物中筛选出 12 对扩增带清晰、重复性和多态性好的引物，将其用于 RAPD 扩增和遗传多样性分析，12 对 RAPD 引物对 40 个样品进行 PCR 扩增，得到 96 条清晰条带，其中 41 条有多态性。银杏雄株种质资源的平均有效等位基因数为 1.644 0，平均基因多样度为 0.375 2，平均

Shannon 信息指数为 0.556 2。

3.3 RFLP 分子标记

RFLP 即限制性片段长度多态性（Restriction Fragment Length Polymorphism，RFLP），RFLP 的基本原理是：生物在长期的进化过程中，由于基因内个别碱基的突变以及序列的缺失、插入、异位和倒位，导致酶切位点改变，使利用限制性内切酶切割 DNA 所产生的片段的数目和大小不同，从而导致限制性片段的多态性。运用该技术已经对许多观赏植物成功进行了系统发生与亲缘关系研究，如月季（Takeuchi，2000）、常绿杜鹃（Kobayashi，2000）、百合（HarukiK，1998）等。Shen 等（2005）运用 PCR—RFLPs 分析采自八个地区的银杏，推断银杏的避难所应该是在中国的西南地区，特别是天目山银杏，以前也有研究认为野生株系，并且推断是现代银杏的发源地。

3.4 AFLP 分子标记

AFLP 是 1993 年荷兰科学家 Zabeau 和 Vos 在 PCR 和 RFLP 的基础上发展起来一种检测 DNA 多态性的新方法——扩增片段长度多态性（Amplified Fragment Length Polymorphism，AFLP），它结合了 RFLP 和 RAPD 技术的优点，既有 RFLP 的可靠性，又具有 RAPD 的方便性，其原理是：先利用限制性内切酶酶解基因组 DNA 产生不同大小的 DNA 片段，再使用双链人工合成的接头与基因组 DNA 的酶切片段相连接，使之作为扩增反应的模板 DNA，然后以人工接头的互补链为引物进行预扩增，最后在接头互补链的基础上添加 1~3 个选择性核苷酸作引物，对模板 DNA 基因再进行选择性扩增，获得 DNA 片段后，通过电泳分离，根据扩增片段长度的不同检测出多态性 (Vos et al.，1995)。

王利等（2006）以来自国内外的 90 个银杏种质为材料，利用 AFLP 技术分别研究其观赏品种、雌雄株及所有供试材料的遗传多样性，结果表明，90 个银杏种质的基因多样性为 0.2131，Shannon's 信息指数为 0.3408，其遗传多样性低于 21 个银杏观赏种质、29 个国内雄株种质的遗传多样性，而高于 49 个雌株的遗传多样性。郭彦彦等（2006）建立了银杏的 AFLP 体系，以来自美国、法国、日本、荷兰及中国的 39 个银杏雄株种质为试验材料，进行了银杏雄株种质遗传多样性的 AFLP 分析。从分析结果看，中国群体的遗传多样性高于国外群体，中国不同省份雄株种质多样性分析结果是广西、贵州、浙江及山东四个群体中，山东的遗传多样性最高，贵州的遗传多样性最低，郯城群体的遗传多样性（PPB=55.05%，h=0.1881，I=0.2837）明显高于泰安群体（PPB=28.05%，h=0.1047，I=0.1561），古树的遗传多样性高于幼树。39 份雄株种质水平的遗传多样性条带比例差异较大，筒叶银杏的最大为 49.36%，天目山 7 的最小为 17.71%，两者相差 31.65%。共找出 9 个银杏雄株特异种质，认为应重点保护。

3.5 ISSR 分子标记

ISSR 是由加拿大蒙特利尔大学 Zietkiewicz 等（1994）创建的一种分子标记技术，其基本原理就是在 SSR 的 3'- 或 5'- 端锚定 1~4 个碱基作引物，对两侧具有反向排列 SSR 的一段序列进行扩增，而不是扩增 SSR 本身。ISSR 分子标记技术兼具 SSR、RAPD、RFLP、AFLP 等分子标记的优点，与 SSR 相比， ISSR 不需要预先获知序列信息而使成本降低，且多态性更丰富；与 RAPD 相比，ISSR 重复性高、稳定性好，同时具备 RAPD 的简便、易操作等特点；与 RFLP、AFLP 相比，ISSR 更快捷、成本较低、DNA 用量小、安全性较高（Debnath，2008；张蕊等，2009）。由于上述优点，ISSR 标记技术在植物分子生物学研究中得到广泛的应用（Fang et al.，1998；Luisa et al.，2001；Arnau et al.，2003；Shiro et al.，2008）。

Fang 等（1998）用 10 个 ISSR 引物分析了柑橘 35 个种之间的亲缘关系，认为可以分为 5 个类群。Luis 等（2001）通过对 28 个李品种的 AFLP 和 ISSR 分析表明，这两种标记所得到的李品种亲缘关系聚类图很相似。Luisa 等（2001）用 8 个 ISSR 引物中的任一个均可区分 24 个梨品种，这 8 个 ISSR 引物在 Rocha 这个品种中可扩增得到 337 条谱带，而同时用 25 个 RAPD 引物才得到 178 条谱带。Arnau 等（2003）用一个 ISSR 引物即可区分 30 个草莓变异植株，因此，ISSR 技术是一种可靠、快捷的分子标记技术，可用于大规模 DNA 指纹分析。

葛永奇等（2003）利用 ISSR 技术对来自 5 个地区差异很大的银杏群体共 66 个样品进行了分析，结果多态位点百分率为 70.45%。POPGENE 分析结果表明，与其他裸子植物相比，银杏具有较丰富的遗传变异。沈永宝等（2005）利用 ISSR 标记进行银杏品种鉴定研究，发现其鉴定效率和稳定性均明显优于 RAPD 标记，仅用 两个 ISSR 引物就能区分 13 个银杏品种，并通过类似于植物常规分类方法，编制了各品种的指纹检索表。Yan 等（2009）用改进的生物素捕获方法，分离并鉴定出 11 个多态性微卫星位点，并观察到杂合度介于 0.208 到 0.708（平均 =0.484）；预期杂合度介于 0.501 到 0.934（平均 =0.795），也认为这些微卫星标记可以被用来作为遗传多样性研究遗传结构和种群间的关系。

4 银杏有效成分代谢与变化研究

4.1 银杏的植物学与经济学性状

银杏为落叶大乔木，树干高大，树皮呈灰褐色，分枝繁茂，枝分为长枝和短枝；叶在长枝上螺旋状散生，在短枝上簇生状，有扇形、如意型、三角形、截型四种类型，有长柄，淡绿色，无毛，具有多叉状分枝细脉；雄株叶基不分叉，且裂叶较雌株深得多；雄花 4 或 6 枚，成柔荑花序状，下垂，与叶片颜色一致，花粉萌发时产生两个具纤毛且能游动的精子，花期 4~5 月（程晓建，2002）。银杏实生雄树定植后一般需 20~30 年才能开花，嫁接的雄株最快 6 年也可以开花。

银杏雄株在光合及蒸腾特性方面有其特有的生长发育特点，具有较高的开发利用价值（陶俊等，1999）。蔡汝等（2000）研究了银杏雌雄株叶片的光合特性、蒸腾速率及产量的差异，结果表明，银杏雄株叶片光合速率高于雌株 15.19–20.88%，蒸腾速率高于雌株 41.91%~52.92%，雄株叶片的面积与鲜重均高于雌株。黄永高等（2006）以银杏雄株为材料，研究其光合与蒸腾特性，结果表明，银杏雄株的光补偿点为 34.3 $\mu mol \cdot (m^2 \cdot s)^{-1}$，光饱和点为 1 112.6 $\mu mol \cdot (m^2 \cdot s)^{-1}$，银杏雄株的净光合速率与大气相对湿度和光量子通量密度（PFD）紧密相关，而蒸腾速率主要受 PFD 影响，银杏雄株的气孔阻力明显低于雌株，而净光合速率、蒸腾速率高于雌株。通过蒸腾速率对气温、PFD、相对湿度变化的最优多元回归分析表明蒸腾速率与气温、相对湿度无关，而通径分析表明，PFD 越大，光照越强，银杏雄株蒸腾速率越高，增加空气湿度能力越强。银杏雄株的净光合速率日变化呈双峰型曲线，但高峰期的持续时间较雌株长。

Li 等（2009）研究了 CO_2 和 O_3 浓度升高对银杏叶片和过氧化物酶（POD）的影响，认为高浓度 CO_2 和 O_3 对 IAA 含量基本没有影响，可提高 POD 的活性。Xie 等（2009）研究了银杏叶面积、叶形指数、叶柄长、气孔密度、气孔指数等与海拔的关系，认为叶面积、叶柄长、气孔参数与海拔高度无明显的线性关系，随着海拔高度的升高阳面的叶片和阴面的叶片气孔的密度比气孔指数差异更大。Lu 等（2009）的研究认为，大气中的 CO_2 对银杏树木生长主要是正面影响，而 O_3 的升高可能会产生负面影响，高浓度的 CO_2 可以改善 O_3 升高对银杏生长的负面影响。Skribanek 等（2008）通过分析测定色素含量和质体的超微结构，研究了暗萌发的银杏幼苗在不同光照强度和温度下的转绿，结果显示银杏对光照和温度非常敏感。Cheng 等（2010）用重复序列扩增法研究了银杏端粒酶活性与季节、树龄间的关系，结果显示，最高活性的端粒酶存在于胚胎愈伤组织内，雌雄株间的活性并无差异，展叶的四月份含量最高。也有研究认为，随着树龄的增加，端粒酶有减少的趋势，树龄达 700 年的减少明显（Song et al.，2010，2011）。

4.2 有效成分的代谢特点

4.2.1 有效成分的种类

银杏的化学成分十分复杂，迄今为止，已从银杏叶中分离出大量的极性和非极性化合物。据不完全统计，从银杏叶中分离出的化合物有 140 余种。其中银杏叶中最主要的有效成分是黄酮类化合物、萜内酯类化合物、聚戊烯醇类化合物、银杏多糖和烷基酚酸类化合物等，此外，还有有机酸、氨基酸、甾类、叶蜡、微量元素等（Rimmer et al.，2007）。

黄酮类化合物：银杏叶中的黄酮类化合物由单黄酮、双黄酮、儿茶素三类组成（Dubber & Kanfer，2004；Beek & Montorob，2009；王飞娟，2010），其中单黄酮具有较大的生物活性。到目前为止已分离出 40 种黄酮类化合物，其中黄酮及苷类 28 种，由槲皮素（uercetin）、山奈黄素（kaempferol）、异鼠李素（isorhamnetin）、杨梅皮素（myricetin）、木樨草素（luteolin）、洋芹素（apigenin）、三粒小麦黄酮素（tricetin）7 种黄酮苷元及其单、双、三糖苷组成，还包括桂皮酰黄酮苷（Tang et al.，2010）。单黄酮类化合物主要是由山奈素、槲皮素和异鼠李素与其各种糖苷组成，前三种是其主要成分，银杏叶及其提取物（GBE）的质量控制中主要检测这三种黄酮苷元的含量（Hasler & Sticher 1990，1992；Xue & Roy，2003）。它们的结构中均含有 5,7,4′—三羟基和连接糖基的 3—羟基，而糖基可以是单糖、双糖、三糖，大多数为葡萄糖和鼠李糖（Beek et al.，1991），其母核结构如图 1 所示。王凤芹等（2007）的研究首先提到了染料木素（异黄酮）的分离纯化及结构鉴定。染料木素 (genistein) 为异黄酮的一种，具有弱雌激素活性、抗癌、预防心血管疾病等功能，此外，还具有抗氧化、抗衰老、抗真菌、抑制真菌活性及酪氨酸蛋白激酶活性的功能 (邢军等，2006)。

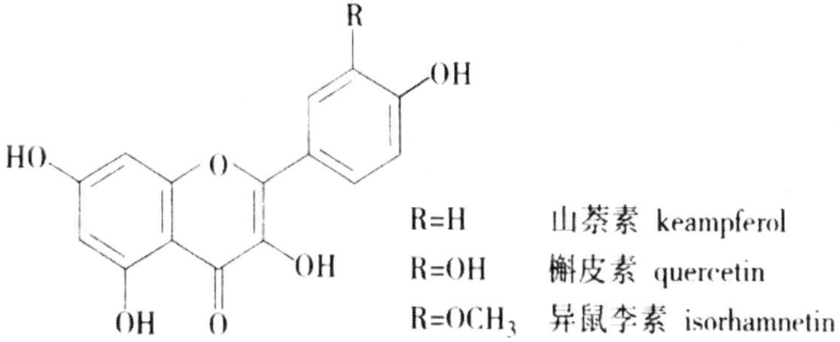

R=H　山萘素 keampferol

R=OH　槲皮素 quercetin

R=OCH_3　异鼠李素 isorhamnetin

图 1.1 银杏类黄酮的分子结构

萜内酯类化合物：银杏叶中的另一类重要的生物活性成分，目前已分离出 6 种成分，分别是为二萜或倍半萜类化合物（Mahadevan & Park，2008）。Nakanishi 等（1967）采用 NMR、CD 及其物理、化学手段从银杏叶和树皮中分离和鉴定得到 4 个二萜类化合物，分别为银杏内酯 A、B、C 和 M，其中银杏内酯 M 是从树皮中分离获得的。德国的 Weinges 等（1987）分离出一种新的二萜内酯化合物银杏内酯 J。银杏内酯对中枢神经系统、缺血损伤有保护作用（Oyama 等，1994)。作为血小板活化因子（PAF）拮抗剂的银杏内酯，当结构中 R_3 为羟基或羟基的数目增多时，其对 PAF 的拮抗活性减弱，而当 R_2 为羟基且 R_3 为 H 时，其活性则显著增强，其中以银杏内酯 B 对 PAF 产生的拮抗作用为最强。银杏内酯对脑细胞缺血、缺氧、水肿的保护作用按强弱依次为：GB>GA>GC>GM（王成章等，2002；罗兰和袁忠林，2003）。

聚戊烯醇类酯：是银杏叶中具有药用开发前景的另一类生物活性类酯化合物，以同系物的形式广泛存在于动植物体内，其中哺乳动物体内的聚戊烯醇称为多萜醇（dolichols）。1982

年日本田中康之等（Ibatata et al.，1983；Hoon，1992）最早从银杏叶中分离出聚戊烯醇类酯，其分子中异戊烯基单元数为14–22。有关银杏叶聚戊烯醇药理的研究国内外报道不多。王成章等（2003, 2005）研究报道了银杏叶聚戊烯醇抗肿瘤、辅助放化疗、促进肿瘤细胞凋亡，抗病毒和保护肝损伤及免疫调节的药理作用。

多糖类：Josef 等（1991）从银杏叶中分离得到水溶性中性多糖 GF_1、水溶性酸性多糖 GF_2 和 GF_3 组分。GF_1 由阿拉伯糖、甘露糖、葡萄糖和半乳糖组成；GF_2 除了组成 GF_1 的 4 种单糖外，还有鼠李糖；GF_3 由阿拉伯糖、鼠李糖和半乳糖组成。对于银杏叶多糖的药理研究主要进行抗肿瘤和免疫调节（侯华新等，2005），余建国等（2006）的研究认为，将银杏叶多糖与放疗联合使用，能增加肿瘤细胞的放射敏感性，强化了 γ 射线杀灭癌细胞的效应。

烷基酚酸类化合物：据波兰 Ellnain—Wojtaszek 报道，银杏叶中主要有 7 种酚酸类化合物，即原儿茶酸（protocate—chuic acid）、*p*– 羟基苯酸（*p*–hydroxybenzoic acid）、香草酸（van–illic acid）、咖啡酸（caffeic acid）、*p*—香豆酸（*p*—coumaric acid）、阿魏酸（ferulic acid）、绿原酸（chlorogenic acid）等。烷基酚及烷基酚酸属于长链苯酚类化合物，多数研究报道的银杏酸主要指这类化合物，包括白果酸（ginkgolic acid）、氢化白果酸（hydroginkgolic acid）、白果酚（ginkgol）。这些成分是银杏叶提取物中毒副作用成分，另外 4'—甲氧基吡哆醇（4'—O–methmylpyridoxine，MPN）是银杏种核的主要毒性成分（Ansgar 等，1996）。

有机酸类：银杏叶中主要含有脂肪酸、羟基酸、氨基酸、糖质酸（glucaric acid）、莽草酸（shikimic acid）和6—羟基犬脲喹啉酸（6—hydroxykynurenic acid），简称6—HKA（Inecs, 1998）。

银杏叶精油：张洪久等（1999）对40年树龄银杏叶挥发性成分进行了研究报道，其中主要成分为十六酸（23.48%）、雪松脑（15.19%）、14—三甲基—2—十五酮（10.89%）、邻苯二甲酸丁醇异丁醇二酯（9.99%）、十四酸（3.91）、α—雪松烯（2.69%）、橙花叔醇（1.95%）和β—桉叶醇（1.29%）等。

4.2.2 有效成分的代谢途径

银杏黄酮类化合物、银杏萜内酯类化合物等次生代谢产物为银杏中最重要的生物活性成分。在银杏体内的生物代谢中，磷酸戊糖循环途径生成的4—磷酸赤藓糖与糖酵解途径生成的磷酸烯醇式丙酮酸在一系列限速酶和关键酶作用下，经缩合形成7—磷酸庚酮糖，再经过一系列转化进入莽草酸途径生成苯丙氨酸（phenylanine），其在PAL作用下进一步生成肉桂酸（cinnamic acid），在肉桂酸羟化酶（cinnamic acid hydroxylase，C_4H）作用下再进一步生成4羟基肉桂酸（4-Hydroxy—Cinnamic），再在一系列酶作用下最终形成黄酮类化合物（陈鹏，2000）。银杏萜内酯和聚异戊烯醇同为类异戊二烯化合物，由三羧酸循环及脂肪酸代谢的重要产物乙酰CoA出发，经过甲羟戊酸（mevalonic acid）和异戊烯基焦磷酸（isopentenyl pyrophosphate）途径形成。银杏内酯均为二萜类，由4个异戊二烯单位组成；白果内酯为倍半萜，由3个异戊二烯单位组成，它们均由庞大的类异戊二烯合成途径的一个分支途径合成（Britton等，1997）。异戊烯焦磷酸（isopentenyl pyrophosphate，IPP）是合成聚戊烯醇的直接前体物，植物体中可分别通过胞质中的甲羟戊酸（MVA）途径和质体中的甲基赤藓糖醇—4—磷酸（MEP）途径合成。合成的关键物质主要有甲羟戊酸（MVA）、甲基赤藓糖醇—4—磷酸（MEP）、牻牛儿基牻牛儿基焦磷酸（GGPP）、玷巴基焦磷酸（labdadienyl diphosphate）、海松二烯（levopimaradiene）、阿松香三烯（abietatriene）等。参与合成的酶主要有：HMG—CoA还原酶（HMG—CoA）、脱氧木酮糖5- 磷酸合成酶（DXS）、脱氧木酮糖5—磷酸还原异构酶（DXR）、牻牛儿基焦磷酸合成酶（GPS）、法尼基焦磷酸合成酶（FPS）、牻牛儿基牻牛儿基焦磷酸合成酶（GGPS）、顺式—异戊烯基转移酶（cPTS）等，其中DXS被认为是MEP途径合成银杏内酯的第一个关键酶（Gong et al.，2006）。IPP同样是合成聚戊烯醇的直接前体物。其中异戊烯转移酶（trans—prenyltransferase，tPTS）是催化异戊烯基焦磷酸的酶，而催化聚戊烯醇合成的第一个关键酶是cPTS（Kyung et al.，2000；Rodryguez—Concepcion & Boronat，2002；王燕等，2004；Bouvier et al.，2005；Gong et al.，2006；Goossensa et al.，2005；Xiang et al.，2007）。

4.3 银杏叶片黄酮含量的变化规律

银杏叶中的黄酮类物质含量受季节、年份、树龄、叶片成熟度、结实负荷量等因素的影响（Lobstein，1991；Hasler，1992；Dubber & Kanfer, 2004；钱大玮等，2002；李莉等，2006；Beek & Montoro，2009）。总结前人的文献，季节的变化对黄酮含量的影响大致有四种观点。首先，黄酮含量是在秋季最高，其次在春季和夏季最低（李莉等，2006)；第二，从含量较少，随叶片生长不断增加，至10月份最高（张秀全等，

1995；陈秀珍等，1998)；第三，黄酮含量在萌芽的 4 月最高，而后下降（Lobstein et al.，1991；Hasler et al.，1992；钱大玮等，2004）。也有研究认为秋季又上升至最高（管玉民等，2000；钱大玮等，2002)；第四，也有研究认为黄酮的含量没有明确的变化规律。还有研究认为，银杏叶的功能性成分在各个年份间也会不同，多和季节、叶片的成熟度等相关（Cheng et al.，2009）。管玉民等（2000）研究济南和郯城的银杏叶片总黄酮醇甙的含量，认为 4 月份含量最高，以后逐渐降低，8 月份后又渐渐升高，至 11 月份叶子变黄时又降低，呈 S 型变化趋势。管玉民等（2000）的研究发现，幼树叶黄酮含量略高于成年树，认为银杏适于大田栽培，产业化生产，且认为不同树龄的银杏叶黄酮组成不一致，幼树叶以槲皮素为主，成年树叶山柰素和异鼠李素所占比例相对较大。

钱大玮等（2004）在研究邳州银杏叶黄酮类成分含量时发现，在三种黄酮苷元中，槲皮素、山柰素所占比例较大，异鼠李素含量相对较少。鞠建明等（2003）在研究 4 年银杏生嫁接苗的黄酮含量时，显示叶中以槲皮素为母核的黄酮醇苷所占比例最大，总黄酮的含量多在 1%~2%，且不同单株间存在一定差异。王英强等（2001）测定采自广东的银杏雄株叶片总黄酮的平均含量达 2.94%。陈旭等（2000）测定广西地区的雄株叶片总黄酮含量仅仅为 0.314%。张丽艳等（2000）测得贵州镇远一棵 100 多年雄株叶片的总黄酮含量只有 3.38 mg/g，陈学森等（1997a）测试的 5 株银杏雄株株系叶片的黄酮含量为 11.0~20.2 mg/g，平均为 14.2 mg/g，株系间黄酮含量差异显著。

谢宝东和王华田（2006）通过大田和盆栽试验研究了光质、光照时间对银杏叶黄酮和内酯含量的影响，认为长波段的光（如红光）不利于黄酮和内酯类物质的积累，却有利于植株的生长；短波段的光不利于生长但有利于黄酮和内酯类物质的积累。光照时间对银杏叶黄酮和内酯类物质含量、PAL活性无显著影响，但对植株的光合速率和相对生长量有显著的影响。陈学森等（1997a）试验发现，叶面积大、黄酮及银杏内酯含量高的品种主要来自山东省和江苏省。王英强（2001）的研究认为广东地区的雄株银杏叶内总黄酮均高于雌株（32%~40%）。

胡蕙露（1998）开展的 N^+ 离子注入银杏诱变效应的研究表明，低浓度的 N^+ 离子注入会引起银杏形态特征的变化，芽的萌动时间提前，展叶率增加，成活率改善，开花数和开花枝也增多，新梢伸长的长度增加，结果期也明显提前，离子注入引起银杏有效成分黄酮的含量增加，且与对照比有显著的差异。王燕等（2007）的研究也认为低浓度的 Cu^{2+} 能提高银杏盆栽苗叶的类黄酮含量，并可适当延长最佳采收期。Hao 等（2010）利用真菌内生菌处理银杏悬浮细胞，细胞的脱落酸（ABA）含量增加，酶激活了PAL，黄酮的含量也呈上升趋势。

利用植物的分子遗传技术，克隆银杏查尔酮合成酶等银杏黄酮的相关基因，为利用遗传工程提高银杏叶中黄酮含量奠定了理论基础，是下一步研究的方向（王燕等，2004；Li et al.，2010；Cheng et al.，2011）。

4.4 银杏雄株有效成分的提取、分离和检测

4.4.1 叶片黄酮类化合物的提取

银杏叶提取物（EGb）作为药物应用已有数十年历史，德国的 Schnabe 和 Pikhoss 最早申请了银杏叶提取物的专利（杨光，1999），并提出了质量标准：黄酮≥ 24%，萜内醇≥ 6%。到目

前为止，中、德、日、法、意、瑞士等国家已申请有关银杏叶提取物制备工艺等方面的专利20余份。对银杏叶的有效成分提取方法主要有以下几种。

水蒸气蒸馏法　此法仅限于提取黄酮苷类，在提取过程中要考虑加水量、浸泡时间、煎煮时间及煎煮次数等因素，其优点在于设备简单、成本低且对环境和人类无毒害，但提取率较低、杂质含量较高，后处理的难度较大，因此应用得较少（张春秀等，2001）。提取时，要先将银杏叶干燥粉碎后，100~120 ℃水蒸气蒸馏，或经16倍量沸水经3次浸提，蒸馏液或浸提液冷却后，经过精制、干燥，得到粉状的结晶。

有机溶剂萃取法　银杏叶片黄酮类化合物溶剂浸提法常用的有机溶剂有乙醇一水、丙酮一水或纯甲醇等（Beek & Montorob，2009）。采用该法设备简单，产品获得率高（约12% ~ 14%），但产品中杂质含量较高，通常呈棕黑色，其活性成分黄酮化合物含量为1% ~ 10%，萜内酯约0.6% ~ 1%。张立国等（2000）针对黄酮甙中的酚羟基易被氧化而使黄酮含量降低的特点，采用了氮气保护提取工艺，避免提取过程中黄酮被氧化，可使银杏黄酮、内酯含量提高20%以上。还有一种方法是制备银杏叶精提物，通常在粗提物的基础上，进一步精制。常用的精制方法有溶液萃取法、固体填料吸附法及沉淀法等，再通过减压蒸馏、冷冻干燥，即可得精提物，一般为黄褐色粉末，其中黄酮类含量约达20% ~ 26%，萜内醇达6%左右。

超临界流体提取法　超临界流体萃取（SFC）技术是一种新型的绿色分离技术，具有提取效率高、无溶剂残留、无毒性、天然植物中活性成分和热不稳定成分不易被分解破坏而保持其天然的特征等优点，但该法设备要求高，在我国的应用还不多

（孙婷，2005）。由于超临界 CO_2 萃取温度不高，与 O_2 隔绝，因而特别适合热敏性物质的提取。张玉祥和邱蔚芬（2006a）利用超临界 CO_2，通过正交试验设计，萃取银杏叶中的总黄酮和总内酯，确定的最佳压力为 20 MPa、最佳温度为 50 ℃，加入浓度为 15% 的夹带剂，萃取时间为 40 min。萃取出的活性成分含量高于欧洲的质量标准（EGb761），并且无有机溶剂残留。

生物酶解法　在药用植物活性成分的提取过程中，选用适当的酶作用于植物材料中，可以使细胞壁及细胞间质中的纤维素、半纤维素、果胶等物质降解，破坏细胞壁的致密构造，减小细胞壁、细胞间质等传质屏障对有效成分从细胞内向提取介质扩散的传质阻力，从而有利于活性成分的溶出。酶提取法是利用转苷酶和糖等糖基供体将极性低的黄酮苷元、黄酮苷转变为较高极性的黄酮苷，从而提高总黄酮在醇水中的提取率。同时，由于被提取的物质极性的增加，提取可以在低浓度的纯水体系中进行，减少了乙醇用量，也可以降低成本（许明淑等，2006）。张小清等（2005）通过正交设计实验研究了酶解—溶剂联合提取银杏黄酮的工艺路线及条件，当纤维素酶浓度为 40 $\mu l \cdot ml^{-1}$，酶解 pH 值为 4.8，酶解温度为 55 ℃，酶解时间为 90 min 时，黄酮的提取率比常规方法高。

微波辅助法　微波萃取的原理，就是在微波场中利用不同结构的物质吸收微波能力的差异，使得基体物质的某些区域或萃取体系中的某些组分被选择性地加热，从而使被萃取物质更易于从基体或体系中分离出来。龙春等（2006）通过正交试验设计优选出银杏叶黄酮类化合物的微波提取工艺，并采用化学发光法对银杏叶的粗提物、正丁醇萃取物及其余水层清除自由基和抗氧化性能进行了研究，发现固液比为 1∶30、微波功率为

400 W、萃取时间为 1 h、70 ℃水浴浸提 1 h 的工艺条件下，黄酮的提取率最高。

超声波辅助法　超声提取是一种利用外场介入强化提取过程的技术，与常规溶剂提取法相比，超声提取不需加热，耗时短，提出率高，不影响活性成分的生理活性，适于热敏性物质的提取。张玉祥和邱蔚芬（2006b）采用超声波对银杏叶进行提取并通过正交实验优化提取工艺，选取了在功率为 80% 的条件下，超声提取 30 min，用 10 倍的溶酶提取 1 次是最佳的工艺条件，其提取率约为索氏提取法的 1.5 倍；郭国瑞等（2001）以水为介质，在低温条件下对银杏叶进行超声波处理，确定超声提取的最佳工艺条件为：料液比为 1∶30，提取温度为 50 ℃，提取时间为 55 min，银杏黄酮的提取率为 82.3%，是常规水浸提取效率的 3 倍左右。目前，超声提取技术用于大规模生产还较少，其应用还有待于进一步摸索。

4.4.2 叶片黄酮类化合物含量的测定

黄酮类成分的含量作为衡量银杏叶提取物及其制剂质量的首要指标，一般采用酸水解法先将黄酮甙水解为黄酮甙元后，再用 HPLC 法测定其中槲皮素、山萘酚、异鼠李素等甙元的含量，而后换算成总黄酮含量（Beek & Montorob，2009）。目前已报道的银杏叶黄酮类化合物的测定方法主要有以下几种。

络合—分光光度法　此法的测定设备价廉，操作简便，但因样品未经分离纯化，大量原花色素、叶绿素、混浊底液等存在干扰，导致结果的重现性较差、准确度低。张志红等（2005）根据在 $NaNO_3$ 存在下、pH 值为 13.20 ~ 13.60、银杏叶提取物与 $Al(NO_3)_3$ 形成稳定的粉红色配合物在 510 nm 处有最大吸收这一特点，建立了一种银杏叶提取物中黄酮类化合物的分光光度测定方法。上官小东和王党社（2004）基于银杏黄酮能与 $AlCl_3$ 反应生成黄色络合物（该物质在 408 nm 处有最大吸收峰），提出了 $AlCl_3$—分光光度法测定药物制剂中银杏黄酮含量的新方法。

双波长吸光光度法　此法具有自动扣除原花色素、叶绿素等干扰，且不受底液混浊影响等特点，程亚倩等（2002）研究了双波长吸光光度法测定银杏叶植物中黄酮含量的方法，测得的总黄酮含量均比比色法低，主要原因是双波长能很好地扣除背景，结果准确，精密度好。

原子吸收光谱法　上官小东等（2004）提出的间接测定银杏叶精提物中银杏黄酮的方法，原理是银杏黄酮能与乙酸铅发生配合反应，生成难溶的棕黄色沉淀，经离心分离后，用原子吸收法测定上清液中过量的铅离子，可间接测定银杏黄酮。该方法线性范围为 5.0~30.0 μg/ml，RSD 为 1.6% ~ 1.8%，回收率为 100.3%~106.0%。

近红外光谱法　胡钢亮等（2004）采用此法同时测定银杏提取液中总黄酮和总内酯含量，发现该方法具有快速、准确、无污染、分析对象多样且无需预处理及非破坏性等优点，加上嵌入式光纤取样分析系统，建立包含溶剂组分变化的数学模型，可以作为银杏提取过程即时分析和在线控制的手段。

高效液相色谱法　具有准确、快速、重现性好等优点，目前使用较多。银杏叶提取物经酸水解后，通过高效液相色谱测定槲皮素、山柰素和异鼠李素三种主要苷元的含量，再换算成总黄酮的含量，因其准确、快速等优点已被广泛接受，是国际上公认的分析银杏叶黄酮含量的方法（袁龙，2004）。石红旗等（2002）研究了银杏叶黄酮醇苷灌注色谱测定方法，采用外标定量法，使用 YWG-C_{18} 反相柱，确定的测定条件为：流动

相甲醇 –0.5% 磷酸水溶液（60/40，V/V），流速 1.5 ml/min，检测波长 360 nm，槲皮素浓度与峰面积呈线性关系范围 10~180 μg/ml，平均回收率为 97.5%，RSD 为 0.67%。王靖等（2006）用此法测定了 6 个样品中 3 种黄酮苷元的含量，采用 C_{18} 色谱柱，流动相为甲醇∶水∶磷酸，检测波长为 370 nm，所得槲皮素、山奈素和异鼠李素的平均回收率分别为 95.80%、98.42% 和 94.39%，RSD ≤ 4.2%，相关系数 r=0.9999。为了评价银杏叶提取物的质量，Tang 等（2010）利用反相高效液相色谱—二极管列阵检测法，并同时测定八黄酮类化合物，即芦丁，杨梅素，槲皮素，槲皮甙，木樨草素，山奈酚，异鼠李素、芹菜素，建立色谱指纹图谱，可用来随时控制银杏叶制品、提取物或其相关的传统中医药制剂的质量。

4.4.3 银杏酸的提取、分离、检测

银杏的主要活性有效成分除了黄酮类（Ginkgolic Flavone Glycosides，GF）、萜内酯类（Ginkgolic Lactones，GL）等化合物外，还含有另一类具有重要生理活性的组分——酚酸类化合物（Jagg & koch，1997；Mahadevan & Park，2008）。它是一类 C_{13}—C_{19} 的烷基取代酚酸类化合物，主要存在于银杏叶、种核和外种皮中，其中以外种皮含量最高（仰榴青等，2002），包含白果酸（Ginkgolic acid）、氢化白果酸（Hydroginkgolic acid）、氢化白果亚酸（Hydroginkgolinic acid）和白果新酸（Ginkgoneolic acid）（张迪清和何照范，1999）。近年来关于银杏酸的提取、分离、检测有代表性的研究如下。

尹秀莲等（2003）对利用超临界 CO_2 萃取法从银杏外种皮萃取银杏酚酸，表明萃取压力为 30 MPa，温度 45 ℃，萃取时间 6 h，CO_2 流量为 2 L/min 为最佳条件。超临界 CO_2 萃取法

萃取银杏外种皮的银杏酚酸比传统方法优越，表现在得率、纯度高，无溶剂残留，操作简便。

田晓清等（2010）利用超声萃取方法提取银杏酚酸，用高压液相色谱法（HPLC）测定大佛指银杏的中种皮、内种皮、胚乳和胚芽中的银杏酚酸含量，发现胚芽中银杏酚酸含量最高（64.415 μg/g），依次是内种皮（16.030 μg/g）、中种皮（5.277 μg/g）、胚乳（0.103 μg/g），上述银杏银杏四个部分都含有白果新酸（C13：0）、白果酸（C15：1）、十七烷二烯银杏酸（C17：2）、氢化白果酸（C15：0）、十七烷一烯银杏酸（C17：1）。

银杏酸是水杨酸的衍生物，紫外分光光度法可用于银杏酸的含量测定，理论依据是 5 种银杏酸的结构很相似，它们都是水杨酸的衍生物，不同的只是 6 位的侧链碳原子数和双键数（仰榴青等，2002；仰榴青等，2004a)。吴向阳等（2002）建立了紫外分光光度法测定银杏叶中银杏酸含量的方法，并利用该法测定不同生长季节银杏叶中银杏酸含量，并与 HTLC 法测定结果做了比较。银杏叶的正己烷提取物经一步简单的预净化处理后可在 242 nm 和 310 nm 波长进行测定，测定 6 次的 LSD 分别为 2.1% 和 2. 4%，两个波长处的测定结果都与 HPLC 法较为接近。该法简便、快速、准确，线性范围宽，可用于银杏叶和银杏茶中有毒成分银杏酸的定量分析。仰榴青（2004b）测定银杏酸的含量，叶片为 1.05%，外种皮为 5.23%。银杏酸常用的定量分析方法是高效液相色谱法，但高效液相色谱法所需仪器贵，操作繁琐，分光光度法操作简单，可用于产品的快速定量分析（尹秀莲，2003 ）。仰榴青等（2004a）的研究认为，采用 UV 检测时，在 242 nm 和 310 nm 两个波长处测定的银杏酸含量都与

HPLC 法测定结果接近。

鞠建明等（2010）采用 HPLC 测定银杏叶中总银杏酸的量，研究不同栽培模式银杏叶在不同生长季节中总银杏酸量变化规律。色谱条件为 Alltima C_{18} 色谱柱 (250 mm × 4.6 mm，5 μm)，流动相甲醇 –1 % 冰醋酸水溶液（90∶10），体积流量 1.0 mL/min，检测波长 310 nm，柱温 35 ℃，进样量 20 μL，外标法计算质量分数，总银杏酸范围为 0.49%~3.43%。同一栽培模式下不同采收期银杏叶中总银杏酸量呈逐月下降趋势，5 月份量最高，9 月底 10 月初量最低。剪枝和移栽对银杏酸量均有明显的影响。经过剪枝后银杏叶中总银杏酸量有逐年增加的趋势（1.52% ~ 1.98%），而经过二次剪枝后量比不剪枝有所增加；三年生移栽银杏叶中总银杏酸量明显低于不移栽。

孔玉霞等（2010）分析了成都、贵州、沈阳等国内厂家生产的 GBE，银杏酸含量远远超过了国际标准（5 mg/kg），达到了 10~20 倍。银杏酸含量未达标的产品，不但在国际市场上缺乏竞争力，降低经济效益，而且可能影响其药用安全性。

4.5 有效成分的开发利用

4.5.1 黄酮类化合物的药用功效

对于植物自身而言，黄酮类化合物在植物进行正常的生理活动中具有多种重要的生物功能。首先，它能为花、果实和种子提供色素，从而吸引授粉者和种子传播者；其次，它能够保护植物免受紫外线的损伤，保护花粉生殖核的脱氧核糖核酸免遭辐射损伤，促进植物发芽率；第三，作为植物的抗毒素（phytolexins）等，抵御病菌、昆虫和一些草食动物的侵袭；第四，它影响植物的生殖力和花粉的萌发；第五，它在植物与微生物的互作中充当信号分子，诱导植物根部与共生菌相互作用，调节生长素运输等（Winkel-Shirley，2002； Schijlen et al., 2004)。类黄酮化合物在抗氧化、清除自由基、抗肿瘤、保护人类健康方面都起着重要的作用。银杏叶提取物，具有抗氧化，抗缺血，促进心血管和脑血管活动，已跻身于世界销售的十大植物提取物产品（Mar & Bent，1999；Schaeffner et al.，2005；Zhang et al.，2009），具体来说可以归纳为以下几个方面。

4.5.1.1 抗氧化及抗自由基作用

生物体内常见的自由基包括超氧自由基、羟自由基和烷氧自由基等。银杏叶中黄酮类化合物具有清除自由基和抗氧化的能力，其作用机理在于它阻止了自由基在体内产生的三个阶段：（1）与超氧自由基反应阻断自由基的引发连锁反应；（2）与金属离子螯合阻断自由基生成；（3）与脂质过氧基反应阻断脂质过氧化过程。有研究发现，银杏叶中黄酮类化合物 B 环上的 3'4'—邻二羟基是具有清除自由基生物活性的关键结构，其他位上的羟基起一定作用，这可能是由于邻位羟基的存在可使一个羟基形成羰基之后易与邻位的羟基形成分子内氢键，使氧化后的物质稳定，而中断自由基导致的链反应（Braquet et al., 1987；张晓丹等，2006）。Zhang 等（2009）的研究认为，银杏叶片联合红景天中药同服，可以有效增加人体氧的消耗、抵抗疲劳、提升耐力的作用。

4.5.1.2 抗微生物作用

有研究发现，银杏叶黄酮具有抗微生物作用，如 Neobavai isoflavone 明显抑制烟曲霉菌和新型隐球菌（MIC 为 50 g/L）；N—arigenins 及口山酮能抑制分支孢子菌属，除此之外，后者还不同程度地抑制白色念珠菌、烟曲霉、小孢子毛癣菌属、须疮孢子菌属。银杏叶中的黄酮类化合物对芽孢杆菌、金黄色葡萄球菌、分支杆菌、酵母菌、白色念珠菌、肺炎杆菌等细菌也均有影响。另据报道，银杏叶中的黄酮及异黄酮有很强的抗口腔微生物及抗耐新青霉素、白色葡萄球菌的作用（Beek & Montorob，2009；Mashayekh et al.，2011）。

4.5.1.3 抑制血小板凝集作用

银杏叶中的黄酮类化合物对凝血因子具有较强的抑制作用，表现出较好的抗凝血作用。实验表明，不同浓度的银杏黄酮类化合物可以不同程度地抑制二磷酸腺苷（ADP）诱导的大鼠血小板凝集，对5-羟色胺和ADP联合诱导的家兔和绵羊血小板凝集也有同样的抑制作用。此外，银杏叶中黄酮类化合物还可降低血管内皮细胞羟脯酸代谢，使内壁的胶原或胶原纤维含量相对减少，有利于防止血小板黏附凝集和血栓形成，有利于防治动脉粥样硬化（Artmann et al.，1995）。

4.5.1.4 抗肿瘤、抗癌作用

银杏叶中的黄酮类化合物具有较强的抗癌防癌作用，一般通过三种途径：（1）对抗自由基；（2）直接抑制癌细胞生长；（3）对抗致癌促癌因子。用MTT快速测定法及流式细胞仪分析银杏叶中黄酮类化合物对靶细胞人肝癌SMMC-7721细胞的抗癌药效，表明黄酮有较强的抗癌活性，与丝裂霉素（MMC）联合用药抗癌活性显著增强，流式细胞仪分析细胞分裂周期各时相DNA变化显示，此类物质可使S期细胞明显减少，增殖指数降低，并诱导凋亡。有研究认为，山奈酚具抗氧化、抗炎、抗辐射、抗癌和预防心血管疾病，与化疗药物联合用于治疗癌症，可调节酶的活性从而抑制癌细胞活性等药理活性（毕殉等，2004；Petra et al.，2005；Young et al.，2006；鲁鑫焱等，

2006）。槲皮素可抑制胃癌细胞增殖，槲皮素可抑制多种肿瘤细胞增殖，并推测可能的机制为抑制端粒酶活性和诱导细胞凋亡（魏金文等，2007）。

4.5.1.5 对神经系统的保护作用

谷氨酸（Glu）是中枢神经系统中的主要兴奋性神经递质，但过度释放会造成兴奋性神经毒性损伤，引起多种神经变性疾病。采用大鼠脑分区切片培养，加入活性的银杏黄酮提取物发现，此类物质能有效地抑制培养切片上由 K^+ 引起 Glu 释放，抑制效应随浓度增加而增加。此外，银杏叶中黄酮类化合物可作为钙离子通道拮抗剂，能抑制 KCl、去甲肾上腺素、5-羟色胺等引起的 Ca^{2+} 增高，从而对神经系统起到保护作用（裴凌鹏等，2004；Mahadevan & Park，2008)。银杏叶提取物（GBE）可以改善脑血液循环，对心血管系统起到一定的保护作用（Baliutyte et al.，2010）。

另外，国外有研究认为，银杏叶片提取物如 EGb761 对治疗老年性痴呆有显著的疗效（Napryeyenko & Borzenko，2007；Farlowa et al.，2008）。但也有相反结果的报道（Schneider，2008）。Zhou 等（2011）认为银杏叶提取物（GBE）可以抑制葡萄糖的吸收，发挥刺激 IRS-2 转录的影响，防止胰岛素抵抗，是一种很有前途的抗糖尿病药物。

4.5.1.6 改善性功能

近年来，有研究者开展了银杏叶提取物对性功能改善等方面的研究。Meston 等（2008）的研究认为，银杏叶提取物可以增强女性性欲，且无论是长期还是短期服用，都有一定的效应。Zuo 等（2010）研究中国健康男性时，也得到类似结果。

Qiu 等（2010）从银杏中分离出黄酮类产物内生真菌 SX01，它能够产生丰富的水溶性红色素，可用作天然色素的食品着色剂，也是银杏黄酮应用的一个新的研究方向。

因此，利用银杏叶片中的黄酮类化合物研究开发新药，具有广阔的应用前景。而在药物开发早期阶段，尽早对候选化合物的转运、代谢、毒性以及口服特性进行体外筛选，做出综合评价，可以降低研究风险，加快开发速度（Schacffner et al.，2005；鲁鑫焱等，2006)。

4.5.2 银杏酸的生理活性作用

目前国际上公认的银杏提取浸膏（GBE）质量标准为德国Schwabe公司（1991）专利所提出，要求黄酮含量高于24%，内酯含量高于6%，银杏酚酸类物质含量低于10 ppm，有的标准甚至要求低于5 mg/kg（Blementha，1997；Beek & Montorob，2009），因为银杏酸这类成分可能致过敏、致突变（Lepoittevin等， et al.，1989；Aggy & Koch，1997），具有胚胎毒性和细胞毒性等毒副作用（Mahadevan & Park，2008）。银杏酚酸类物质除了有以上的毒性之外，同时也具有强烈的杀虫（毛佐华等，2007）、抗霉菌、杀菌和抗病毒（John & Cardellina，2002；林光荣 等，2010）、抗肿瘤活性（Itokawa et al.，1987；Hisashi et al.，2003；许素琴等，2007□），治疗抑郁（Kalkunte et al.，2007）可以作为前列腺素生物合成的抑制剂（Grazzini et al.，1991），具有抗痤疮的功效（Kubo et al.，1994；张秀丽，2007），可预防人体许多因高脂血症引起的疾病（Irie et al.，1996），有效抑制艾滋病毒蛋白酶活性 (Lu et al.，2011)。具体如下。

4.5.2.1 抗菌作用

Kubo等（1995）报道，银杏酚酸能抑制变形链球菌等多种真菌和细菌。杨小明等（2002）发现，银杏酸能抑制金葡菌、枯草杆菌、蜡样芽孢杆菌等革兰氏阳性菌，并对临床耐青霉素金葡菌株有抑制作用，青霉素和银杏酸联用显示了良好的抑制耐青霉素金葡菌的协同作用。盛裂等（1995）报道，白果酸具有抑菌作用，用试管稀释法，1:40 万浓度即能抑制结核杆菌，且不受加热的影响，但血清能使其对结核杆菌的抑制作用大为减弱，浓度须达 1:1000 才有效。此外，白果酸对赤霉菌、镰孢霉菌、轮枝霉菌、根霉菌和疫霉菌的活性优于多菌灵，且不同浓度的白果酸对镰孢霉菌和轮枝霉菌的抑制率高于 80%，而多菌灵却对它们无效。林光荣等（2010）认为银杏酸对甘蓝黑斑病菌抑制作用较强。

王杰等（2000）报道，从银杏外种皮中分离出的氢化白果酸在 1000 倍稀释浓度时对苹果炭疽病菌和葡萄炭疽病菌的抑制率分别为 98.8% 和 91.8%。倪学文和吴谋成（2001）研究了白果酸、氢化白果酸对玉米大斑病、大麦条纹病和稻纹枯病的抑制作用，结果显示抑制率都在 70% 以上；且两者对革兰氏阳性菌的滕王八叠球菌抑制效果较好，分别为 84.2%（白果酸）和 75.1%（氢化白果酸）。张秀丽等（2010）认为银杏酸可通过抑制痤疮致病菌生长，对痤疮起到治疗作用。

4.5.2.2 抗炎作用

20~40 mg/kg 白果酸能显著抑制二甲苯所致小鼠耳廓肿胀、角叉菜胶所致大鼠足肿胀以及乙酸所致小鼠腹腔毛细血管通透性增高而引起的早期炎性渗出和水肿，与地塞米松阳性对照相似，用于慢性炎症和免疫性炎症同样有效。

4.5.2.3 杀虫作用

Kubo 等（1986）报道，银杏酚酸可杀死钉螺之以防血吸虫病传播，LD_{50} 为白果酸最低（1 μg/g），其次为银杏酚（7 μg/g）

和白果酚（大于 100 μg/g）。此外，白果酸和氢化白果酸可作为昆虫前列腺素合成酶的抑制剂，该酶在昆虫繁殖中起重要作用（Kubo 等，1987）。陈盛霞等（2007）的研究认为银杏酸还具有一定的抗肿瘤、抗微生物活性的作用。

4.5.2.4 抗病毒与抗肿瘤作用

Itokawa 等（1987）报道，从银杏外种皮中分离、鉴定出的白果新酸、银杏酚、白果酚对小鼠肉瘤 S_{180} 有抑制作用。十七碳烯水杨酸有强抑制 EB（Epstein–Barr）病毒和致癌启动因子的活性（Itokawa et al.，1987）。Kubo 等（1993）从贾如树果汁中分离得到巧碳银杏酸，发现它们对 BT–20 乳腺癌细胞有强烈的抑制作用，ED_{50} 小于 20 mg/L。Lee 等（1986）报道，银杏酚酸能抑制多种人癌细胞的生长，而对正常结肠细胞的细胞毒性小于相应的结肠癌细胞。杨小明等（2004）报道，银杏酸浓度为 5.0 μg/mL 时，对肿瘤细胞的生长有明显抑制作用，其中对肺癌 LTEP–a–2 细胞抑制率达到 59.1%，而对正常细胞无影响；高浓度银杏酸对正常细胞和肿瘤细胞生长的抑制作用趋于一致。Lu 等（2011）的研究表明，银杏酸能有效抑制艾滋病毒蛋白酶活性及控制 MT2 和外周血细胞的体外艾滋病毒感染有限细胞毒作用，可能是一种新的艾滋病毒临床使用蛋白酶抑制剂。王辉等（2010）的实验成功诱导出了口腔鳞癌多药耐药细胞株 Tca8113/CBP 和 Tca8113/PYM，并将银杏酸与化疗药物联用，进一步证实了两者共用能够增强对 Tca8113/CBP 和 Tca8113/PYM 细胞的增殖抑制作用。

4.5.2.5 致突变、致癌作用

Banerjee 等（1992）的研究发现，1% 和 2% 的槚树壳液（主要成分为银杏酚酸）丙酮溶液对肿瘤生长有微弱的促进作用。

Westendorf 等（2000）用碱性单细胞凝胶电泳试验模型评价了银杏酸的 DNA 双螺旋断裂和对雄性威斯塔鼠（Wistar rats）肝细胞的影响，发现银杏酸具有基因毒性和促进肿瘤生长的作用，即具有致突变和致癌性。Liu 和 Zeng（2009）研究认为，肝癌细胞比原代大鼠肝细胞对银杏酸更敏感，银杏酸可用来选择对癌症的治疗。而 Gcorge 等（1997）则认为槚树壳液的石油醚提取物无致突变、致癌或助致癌作用。因此，银杏酚酸是否具有致突变、致癌或助致癌作用尚需进一步研究（许素琴等，2007□）。

4.5.2.6 抗过敏作用

金巧秀等（1995）报道，银杏甲素（主要成分为银杏酚酸）对过敏介质 HA 和 SRS-A 所引起的豚鼠回肠收缩有拮抗作用。有报道表明，银杏酸会引起豚鼠过敏，导致过敏性皮炎（ACD），而银杏酚不会导致 ACD（Lepoittevin 等，1989；Hausen，1998)。不含银杏酸的银杏提取物没有致敏性，而含 1000 mg/L 银杏酸的银杏提取物与纯银杏酸一样具有致敏性。还有一些研究认为，银杏酚酸的致敏性尚待研究（Jaggy 等，1997；Beek，2002)。

此外，仰榴青（2004b）报道了 C15:1 和 C15:2 银杏酚酸对透明质酸酶、酪氨酸酶以及清除游离自由基的抑制试验，发现它们能高效地抑制酶活和清除自由基，抑制率高达 96.14%，而清除率可达 86.15%。Satyan 等（1998）报道，银杏酚酸共轭物是银杏中抗抑郁的活性成分。Zou 等（2002）的研究表明，在急性给药时，银杏酸会抑制药物代谢酶的作用而影响药物在体内的正常代谢。

5 本研究的意义和主要内容

5.1 本研究的重要意义

银杏经过3亿多年的沧桑巨变，由发生到葳蕤葱芊，由种类繁多到第四纪冰川浩劫后成为仅存我国栽培的单科属种，是世界上最古老的孑遗植物，被公认为“活化石”（Jacobs & Browner，2000；Zheng & Zhou，2004；陈鹏，2006a；Ma & Zhao，2009；Yan et al.，2009）。银杏雌雄异株，其雄株在庭园绿化、行道树栽植、授粉树配置、叶用有效成分栽培、提取及花粉的开发利用中正日益凸显出优势，也越来越得到人们的关注。我国是银杏的故乡，银杏的种质资源丰富，生物多样性显著，但是缺乏科学有效的评价体系，再加上各种开发性及利用性破坏，部分地区的雄株种质资源已濒临绝迹。

目前，国内外关于银杏的研究，主要集中于生长习性、性别鉴定（Chen et al.，1999；黄永高等，2006；李晓铁等，2008；温银元等，2008；Ding et al.，2008；Mahadevan et al.，2008）、配子体发育（Hirase et al.，1896；张仲鸣等，1999；王莉等，2010）、花芽形态分化（张万萍等，2001）、开花生物学特性（邢世岩等，1998a；Skribanek et al.，2008），在银杏孢粉学方面虽有部分研究报道（Walter，1957；Gifford & Li，1975；杨传友等，1992；邢世岩等，1998a；周宏根等，2002；凌裕平，2003；Norrtog et al.，2004；Vaughn & Renzaglia，2006；郝明灼等，2006），但大多数研究的样本容量小，研究指标较单一。观察分析银杏雄株花粉的形态结构特征，在研究银杏的演化、种质资源的多样性等方面有重要的意义（陈鹏等，2000，2002；Ma & Zhao，2009）。

近年来，国内外许多学者等利用等位酶（Tsumura et al.，1997）、RAPD（刘叔倩等，2001；Hong et al.，2001；Kuddus et al.，2002；Fan et al.，2004；Jiang et al.，2003）、ISSR（Hong et al.，2001；葛永奇等，2003）、RFLP (Shen et al.，2005；Gong et al.，2008a)、AFLP（王利等，2008；Gong et al.，2008b）等分析银杏多样性，但上述研究试材大多未分雌雄株，或者仅仅针对雌株。仅有少数学者运用RAPD（邢世岩等，2002）、AFLP（王利等，2006）等分子标记技术研究了部分银杏雄株的亲缘关系，尚未发现应用ISSR技术分析开展银杏雄株多样分析方面的报道。

银杏叶片和花粉黄酮类化合物、银杏酸等方面的研究，涉及成分提取（张小清等，2005；Ding et al.，2008；Swetha et al.，2008）、药效作用（Itokawa et al.，1987；Irie et al.，1996；杨小明等，2004；王锋等，2005；许素琴等，2007Meston et al.，2008；Zuo et al.，2010；）和栽培模式、生长条件（程水源等，2001；鞠建明等，2003，2009，2010；吴向阳等，2003；Mundry & Stutzel，2004；谢宝东等，2006；Kim & Kim，2010）、外源激素（程水源等，2004）等对各类药用有效成分的影响，并取得了较好的进展。但上述研究的取材大多是一般的银杏树种（株系），在类黄酮总量方面，很少将三种黄酮苷元的含量结合起来研究。王英强等（2001）的研究认为银杏雄株的叶片总黄酮均高于雌株，邢世岩等（2004）也认为银杏雄株叶内黄酮的遗传力、遗传变异系数都大于雌株。雄株内有黄酮含量最高的无性系（平濑作五郎，1896）。陈学森等（1997a）的研究认为，叶面积大、黄酮及银杏内酯含量高的品种主要来自江苏省和山东省。因此进行银杏花粉用或者花叶兼用优良雄株（系）的选择研究，培育优良株系也势在必行。

5.2 本研究的主要内容

本书在前人研究的基础上，运用孢粉学和 ISSR 分子标记技术，研究银杏雄株资源多样性的性状表达，探寻银杏雄株叶片、花粉黄酮化合物的高效提取、分离与检测技术与方法，研究比较不同采叶时期、不同雄株间叶片、花粉中黄酮的含量差异、变化规律，确定高含量黄酮叶片的采集时间，明确并优选出叶片有效成分含量较高、花粉有效成分含量较高的单株；探讨银杏雄株叶片酚酸类化合物的提取、分离与检测技术与方法，比较各雄株间叶片银杏酸含量的变化规律，确定低酚酸雄株和低酚酸叶片的采集时期，具体内容如下：

（1）银杏雄株资源多样性的孢粉学研究；

（2）银杏雄株资源多样性的 ISSR 标记分析；

（3）银杏雄株叶片黄酮类化合物含量的分析；

（4）银杏花粉黄酮类化合物含量的分析；

（5）银杏雄株叶片酚酸类化合物含量的分析。

第二章　银杏雄株资源多样性的孢粉学研究

本研究连续两年于银杏雄株的盛花期采集分布在江苏省扬州、泰州、徐州三个地区株系的 86 棵雄株的花序，并取出花粉，通过光学显微镜、扫描电镜和透射电镜观察银杏雄株花粉鲜样和干样的形态特征，结果表明，银杏雄株的新鲜花粉呈球形或椭圆形，极轴长 19.93~25.63 μm，赤道轴长 27.65~33.97 μm，花粉形状指数（P/E）为 0.64~0.86，其变异系数（CV）分别为 4.87%、6.37% 和 6.72%；干样花粉赤道面观呈银杏种核状，其极轴长 12.05~20.29 μm，赤道轴长 26.03~40.78 μm，P/E 值为 0.43~0.56，其 CV 值分别为 13.75%、13.26% 和 4.99%，其近极面萌发区呈沟状；花粉表面纹饰主要表现为四种类型：球珠镶嵌状、贝甲镶嵌状、线纹镶嵌状、弧纹镶嵌状；花粉壁厚度为 0.861~1.076 μm，外壁厚度是内壁的 2~6 倍。雄株间上述各项性状指标存在显著或极显著差异。经采用花粉极轴长、赤道轴长及 P/E 比三元变量进行系统聚类分析，采用 L2= (3.2820+2.7482)/2= 3.01515 的截取线水平，供试雄株可分为四类，其与银杏雄株花粉形状指数的分类数相同，其中Ⅰ类 4 株，Ⅱ类 34 株，Ⅲ类 44 株，Ⅳ类 4 株。本研究结果为银杏雄株种质资源的分类与优化配置及其开发利用提供了理论依据和技术支撑。

植物的花粉形状独特、外壁结构复杂、纹饰细腻，遗传上具有较强的保守性和稳定性，花粉形态学分析已成为经济林树种多样性研究以及果树种类（品种）鉴定、分类的重要手段之一（Blackmore，1990；Larson & Barrett，2000；王锋等，2005；甘玲等，2006；王莉等，2010）。近年来，部分研究者通过对野生葡萄、猕猴桃、塞威氏苹果、梨、梅等花粉形态的观察与解析，开展了种质资源的多样性种和品种的鉴定以及植物的分类、起源和系统演化等方面的研究（Blackmore, 1990；Hess, 1995；姜正旺等，2004；郭芳彬，2006；Skribanek et al.，2008；Wang et al.，2010）。

目前，国内外关于银杏雄株的研究，主要集中于生长习性、性别鉴定（Peter，1991；Lobstein et al.，1991；Chen et al.，1999；黄永高等，2006；李晓铁等，2008；温银元等，2008；Ding et al.，2008；Mahadevan et al.，2008）、以及银杏提取物（Lobstein et al.，1991；Ding et al.，2008； Swetha et al.，2008）等方面，银杏孢粉学方面虽有部分研究报道（Walter，1957；Gifford & Li，1975；杨传友等，1992；邢世岩等，1998a；周宏根等，2002；凌裕平，2003；Norrtog et al.，2004；Vaughn & Renzaglia，2006；郝明灼等，2006），但大多数研究的样本容量小，研究指标较单一。银杏雌雄异株，单科属种，其在长期的系统发育和个体发育中产生了较多的变异（陈鹏，1991，2006a；Rothwell & Holt，1997；Beek & Montorob，2009）。观察分析银杏雄株花粉的形态结构特征，在研究银杏的演化、种质资源的多样性与分类等方面都具有重要的意义（陈鹏等，2000，2002；Ma & Zhao，2009）。

本研究旨在通过扩大银杏雄株取样范围与数量，利用扫描电镜和透射电镜等现代科技手段，明确银杏雄株花粉的形态特征及组织结构，综合系统聚类分析，为银杏雄株资源的多样性分析和科学分类提供科学依据和技术支撑。

1 材料与方法

1.1 试验材料

供试材料选自我国银杏主产区的江苏扬州、泰州、徐州等地区。泰州的试材嫁接生长在扬州大学银杏资源圃，树龄在10~900年，合计86株（表2.1）。2007—2008年，当雄花由绿开始转黄时采集发育良好、花序饱满的雄花，每株30穗，测定相关指标后，干燥出粉，保存在干燥器中。

表2.1 银杏雄株材料

树址	株数	编号	树址	株数	编号
扬州株系	55株	(1—55)	扬州瘦西湖游乐场	4	21—24
扬州石塔宾馆	1	1	扬州瘦西湖法海寺	1	25
扬大附小	2	2，3	扬州瘦西湖白塔	3	26—28
扬州政协礼堂	1	4	扬州瘦西湖五亭桥	6	29—34
扬州联华超市	1	5	扬州盐阜路南	12	35—46
扬州东关小学	2	6，7	扬州盐阜路北	9	47—55
扬州马家巷	2	8，9	泰州株系	21	（56—76）
扬州艺蕾小学	3	10—12	扬大银杏资源圃	21	56—76
扬州史公祠	2	13，14	徐州株系	10	(77—86)
扬州准堤寺	1	15	邳州铁富镇宋庄村	2	77，78
扬州堂子巷	2	16，17	邳州官湖镇政府	1	79
扬州天海学院	1	18	邳州市民主路	1	80
扬州七二三所	1	19	邳州市官湖农场	4	81—84
扬州仙鹤寺	1	20	邳州市人民公园	2	85，86

1.2 花粉粒形态特征与结构的观测

光学显微镜观察（OM）：用 ZEIZZ PRIMO STAR X—2500 显微镜及成像系统观察并测定每株 30 粒花粉粒的极轴长和赤道轴长并计算其极 / 赤比（P/E）。

扫描电镜观察（SEM）：取花粉置于 SCD500 离子溅射仪上，喷金后用 XL-30 型环境扫描电子显微镜观察花粉壁纹饰，选取清晰良好的目标拍照。

透射电镜观察（TEM）：将各株的新鲜花药固定于 2.5% 戊二醛中，然后用 1% 锇酸固定，再经乙醇梯度脱水、环氧丙烷置换、Spurr 树脂浸透包埋，在 LEICA ULTRACUT 型切片机上超薄切片，用醋酸双氧铀 - 柠檬酸铅双重染色，置于 TECNAI 12 型透射电镜下观察花粉壁厚度等，并观察拍照。

1.3 银杏雄株花粉形态特征的聚类分析

以花粉粒极轴长、赤道轴长和 P/E 为指标，应用 DPS3.01 软件聚类分析。

1.4 数据分析方法

采用 EXCEL、SPSS10.0 和 DPS3.01 等软件进行方差分析和系统聚类分析。

2 结果与分析

2.1 花粉粒的形态大小观测

随机选取样本中的 22 株，通过 OM 观察发现，银杏新鲜花粉粒呈球形或椭圆形，大小统计见表 2.2，花粉粒极轴长 19.93 ~25.63 μm，赤道轴长 27.65 ~33.97 μm，花粉形状指数（P/E）为 0.64~0.86，平均为 0.74。花粉失水后呈银杏种核状，其极轴变化较大，近极面萌发区也因失水变为沟状，失水后的形态大小基本稳定，花粉的赤道轴最短为 26.03 μm，最长为 40.78 μm，极差为 14.75 μm，而极轴长度则在 12.05–20.29 μm，其极差 8.24 μm，许多研究认为银杏花粉形态上基本一致，为船形，中部宽，两端尖，间或有少量的橄榄形、纺锤形、梭形、长椭圆形或椭圆形（Xi et al.，1989；凌裕平，2003；Mundry et al.，2004；Xiu et al.，2006；王国霞等 2007）。而张仲鸣（2000）则认为，银杏花粉粒多数应为近圆球形，而船形是花粉已经失水、萌发区内陷时的形状，银杏花粉粒形态上的差异主要由不同程度的失水所致，当花粉遇水或培养液时，很快又会变为圆球形。

表 2.2 银杏雄株新鲜花粉形态大小

测定指标	花粉极轴 (μm)	花粉赤道轴 (μm)	花粉粒形状指数（极赤比）P/E
X	22.67	30.73	0.74
SD	1.44	1.50	0.04
CV（%）	6.37	4.87	6.72

注：随机选取 22 株雄株测量

2.2 花粉壁雕纹特征与差异

通过 SEM 观察，银杏雄株花粉粒的表面有的富有立体感似珍珠状镶嵌，如编号为 33 和 59 的雄株；有的分布着暗的弧纹纹饰，如编号为 6 和 7 的雄株；有的如游丝状分布着较规则的条纹，如编号为 19 和 66 的雄株；有的如镶嵌点缀不同方向的贝甲，如编号为 15 和 69 的雄株。综合前人（凌裕平，2003；王国霞，2007）的研究成果，结合本研究的特点，将银杏雄株花粉粒的表面纹饰分为四种，即：球珠镶嵌状型、贝甲镶嵌状型、线纹镶嵌状型、弧纹镶嵌状型（图 2.1）。供试雄株花粉粒的分类情况见表 2.3，不同雄株间花粉粒的表面纹饰表现出明显差异。其中，数量最多的线纹镶嵌状型，达 50 株，占总数的 58.13%；其次是弧纹镶嵌状型，达 20 株，占总数的 23.25%；贝甲镶嵌状型，有 10 株，占总数的 11.63%；数量最少的是球珠镶嵌状型，仅有 6 株。

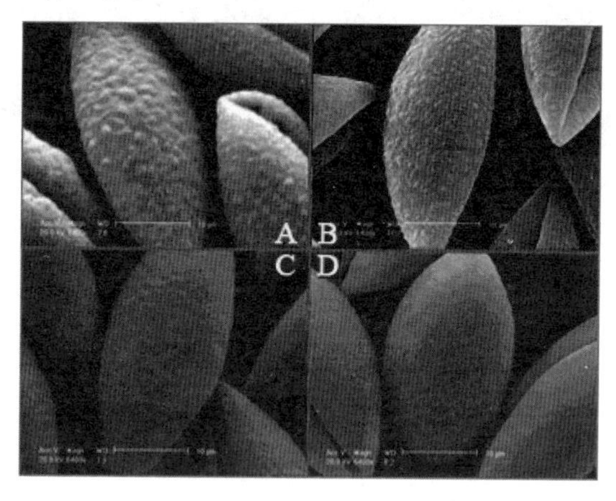

图 2.1　银杏花粉粒的表面纹饰

A—球珠镶嵌状；B—贝甲镶嵌状；C—线纹镶嵌状；D—弧纹镶嵌状.

表 2.3　银杏花粉表面纹饰分类

表面纹饰类型	编 号	株数
球珠镶嵌状	11, 27,47,52,59,67	6
贝甲镶嵌状	15,32,42,50,62,65,69,70,85,86	10
线纹镶嵌状	1,2,5,6,7,9,10,12,16,17,18,19,20,21,22,24,28,30,33,34,37,39,40,41,43,45,46,49,51,53,55,56,58,60,61,63,66,68,71,72,73,75,77,78,79,80,81,82,83,84	50
弧纹镶嵌状	3,4,8,13,14,23,25,26,29,31,35,36,38,44,48,54,57,64,74,76	20

2.3 花粉粒形态特征的聚类分析

无论是花粉的鲜样和干样的形态特征，还是花粉粒的表面纹饰、花粉壁的厚度和花粉壁毛状物的疏密程度等，不同银杏雄株间均表现出一定的差异（曹福亮，2002；凌裕平，2003）。为了综合评价银杏雄株的多样性，科学判定不同类群花粉的形态特征，应用花粉的极轴长、赤道轴长以及 P/E 比等三元变量进行系统的聚类分析，类间距离采用类平均法。在由花粉的极轴长、赤道轴长以及 P/E 比等指标构成的三维空间中，86 棵银杏雄株依上述三个指标的变化决定了各自的散点分布。

花粉形态的系统聚类分析图比较直观地反映了各银杏雄株花粉形态上的相似度。雄株的聚合是不均匀的，其结合水平也先后出现了多次飞跃。采用结合线中跳跃位置的中线划分截取线，计算截取线水平：L1=(9.35743+3.60213)/2=6.47843，L2=(3.28209+2.74821)/2 =3.01515。等级结合线 L1 将 86 株雄株分为 2 组，其虽具有分类的理论依据，但由于类群容量大，没有能够明确类群内各雄株间相关指标的差异，也未能对什么进行全面科学地评价，不利于多样性分析。结合花粉粒长宽的二维分布及其他相关的观察结果选用等级结合线 L2，可以将供试雄株分为 4 组（图 2.2）。各类统计见表 2.4，期中Ⅰ类包括 1、29、41、48 号 4 棵银杏雄株，Ⅱ类包括 11、12、19、21、23、24、26、28、30、31、33、34、35、36、37、38、40、44、46、49、52、56、58、59、60、67、68、71、79、80、81、82、83、84 号 34 棵雄株，Ⅲ类包括 2、3、4、5、6、7、8、9、10、13、14、15、16、17、18、20、22、25、27、32、39、42、43、45、47、50、51、53、54、55、57、61、62、63、64、65、66、69、70、72、74、75、77、78 号 44 棵雄株，Ⅳ仅包括 73、76、85、86 号 4 棵雄株。分析聚类分析的结果，各类群间的花粉粒极轴、赤道轴平均数差异较大，其中Ⅱ类的花粉粒赤道、极轴分别在 36.50~40.78 μm、15.92~20.29 μm 之间，分布相对集中，且大于其他三个类别雄株的花粉。Ⅰ类雄株赤道、极轴值位于Ⅱ和Ⅳ类之间，Ⅰ类与Ⅱ、Ⅳ类在赤道轴的差值相差不大，而Ⅰ类与Ⅳ类在极轴上的差值为 2.4，约为Ⅰ类与Ⅱ类差值（0.34）的 7 倍。Ⅲ类在供试雄株群体中所占比例最高，其赤道轴和极轴均小于其他三类，赤道、极轴与四类中的平均值最高Ⅱ类差值分别为 8.93 和 4.25。

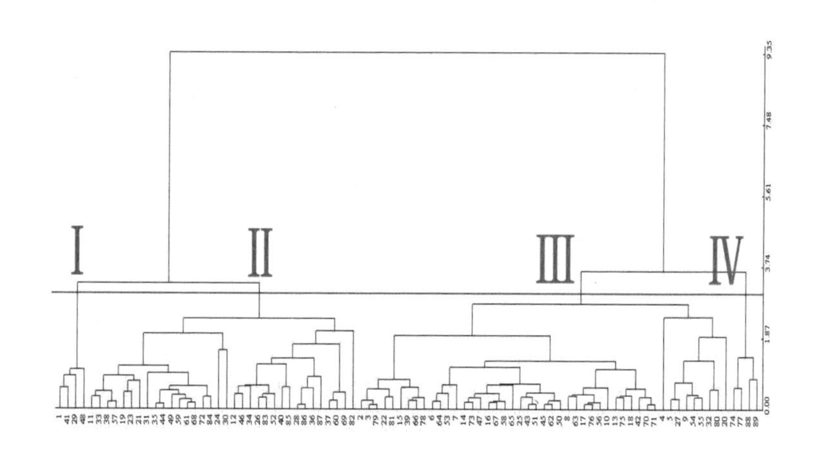

图 2.2 银杏雄株花粉粒形态的聚类分析

表 2.4 银杏雄株花粉的极轴长、赤道轴长以及 P/E 比的系统聚类分析

类群	数量	编号	极轴长	赤道轴长	形状指数	表面纹饰种类	花粉壁厚度
Ⅰ	4	1,41,29,47	17.88±0.40	35.29±0.50	0.51±0.02	2	1.23±0.02
Ⅱ	34	11,33,38,56,19,23,21,31,35,44,49,58,60,67,71,81,24,30,12,46,34,26,83,52,40,85,28,86,36,84,37,59,68,79	18.22±0.85	38.43±1.17	0.47±0.02	3	1.14±0.16
Ⅲ	44	2,3,22,69,15,39,65,6,63,53,7,14,72,47,16,66,57,64,25,43,51,45,61,50,8,62,17,75,40,13,74,18,42,67,70,4,5,27,9,54,55,32,77,20	13.97±0.64	29.50±1.33	0.47±0.03	4	1.13±0.18
Ⅳ	4	73,76,85,86	15.48±0.43	32.68±0.75	0.47±0.01	3	1.13±0.11
X			15.84	33.31	0.48		1.14
SD			2.18	4.42	0.02		0.16
CV(%)			13.75%	13.26%	4.99%		14.04%

Ⅰ类中包含线纹镶嵌状和弧纹镶嵌状纹饰各两个；Ⅱ类中包括了 4 棵球珠镶嵌状花粉雄株、23 棵株线纹镶嵌状花粉雄株和 7 棵弧纹镶嵌状花粉雄株，其中线纹镶嵌状雄株占 67.6%；Ⅲ类中仍以线纹镶嵌状花粉雄株为主，数量达 24 棵，弧纹镶嵌状花粉雄株和贝甲镶嵌状花粉雄株数量相当，分别为 10 棵和 8 棵，球珠镶嵌状花粉雄株最少，仅为两棵。Ⅳ类中包括两棵贝

甲镶嵌状花粉雄株，线纹镶嵌状雄株和弧纹镶嵌状雄株各 1 棵。各类雄株花粉的形态特征见本章后的图版 I 。

供试银杏雄株中， I 类均源自扬州； Ⅱ 类中源自扬州株系 22 株，源自泰州株系 7 株，源自徐州株系 5 株； Ⅲ 类中源自扬州株系 30 株，源自泰州株系 13 株，源自徐州株系 1 株； Ⅳ 类中源自泰州株系两株、源自徐州两株系株。

2.4 花粉壁结构的 TEM 观测及其雄株类型间的差异

按照系统聚类的结果随机按类选取雄株，通过 TEM 观察花粉壁结构，银杏花粉壁结构层次明显，由外向内依次为外壁和内壁。其中外壁由外向内依次又为覆盖层、柱状层和基足层。覆盖层有不同的孔穴和纹饰分布，不同雄株的孔穴、纹饰均呈现出一定的差异。银杏花粉壁厚度不一，分布范围为 0.800 ~1.565 μm，近极面较厚，而远极面则较薄，其内、外壁的厚度分别为 0.098~0.549 μm 和 0.575~1.125 μm，且外壁厚度明显大于内壁。银杏花粉外壁呈鲜黄色，有研究认为可能与其内含成分相关（王国霞，2007）。外壁上附有浓密的毛状物，与花粉发育过程中外壁糖蛋白的发生、运输、积累和贮存间的关系有待于进一步分析。

银杏雄株间花粉壁厚度及其内、外壁厚度的变异系数分别为 14.3%、38.2% 和 15.5%，银杏雄株花粉形态聚类分析结果表明 I 、Ⅱ 、Ⅲ 、Ⅳ 类型间存在显著差异，其中 Ⅱ 类型的花粉壁厚度相对较大，花粉壁的平均厚度为 1.137 μm ，最小的仅有 0.800 μm ，最大的为 1.370 μm ，花粉内壁的平均厚度为 0.291 μm ，最小仅为 0.189 μm ，最大达到 0.549 μm ，花粉外壁的平均厚度为 0.845 μm，最小仅为 0.575 μm，最大达到 1.125 μm，充分展示了银杏雄株的多样性。研究花粉壁及外壁厚度的变化与花粉功能性成分含量的关系具有重要意义(表 2.5)。

表 2.5　银杏花粉壁结构分析

分类	编号	花粉壁	花粉内壁	花粉外壁
I	1	1.217±0.088	0.486±0.041	0.731±0.049
	29	1.241±0.044	0.453±0.023	0.788±0.028
	X	1.229	0.47	0.76
	SD	0.017	0.023	0.04
Ⅱ	11	0.983±0.064	0.189±0.039	0.794±0.046
	12	0.977±0.056	0.216±0.032	0.762±0.071
	19	0.958±0.053	0.320±0.033	0.638±0.024
	21	1.299±0.069	0.391±0.058	0.908±0.039
	24	0.899±0.047	0.269±0.020	0.630±0.048
	28	1.277±0.074	0.403±0.033	0.874±0.055
	28	1.110±0.059	0.304±0.046	0.807±0.085
	31	1.146±0.128	0.259±0.025	0.887±0.128
	33	1.041±0.063	0.234±0.032	0.807±0.031
	34	1.015±0.069	0.256±0.066	0.758±0.007
	37	1.361±0.033	0.398±0.045	0.962±0.020
	44	1.102±0.034	0.248±0.020	0.854±0.023
	49	1.379±0.012	0.332±0.027	1.048±0.027
	56	1.290±0.033	0.217±0.005	1.073±0.035
	58	0.959±0.116	0.199±0.063	0.760±0.078
	60	1.328±0.051	0.214±0.019	1.114±0.035
	67	1.111±0.054	0.128±0.009	0.982±0.050
	68	1.303±0.055	0.341±0.042	0.962±0.021
	71	1.360±0.131	0.235±0.071	1.125±0.082
	79	1.061±0.053	0.415±0.012	0.646±0.061
	81	1.038±0.128	0.109±0.013	0.928±0.016
	82	1.262±0.089	0.434±0.009	0.828±0.088
	83	0.979±0.100	0.298±0.042	0.681±0.078
	84	1.026±0.031	0.232±0.021	0.794±0.026
	X	1.136	0.277	0.859
	SD	0.156	0.089	0.145

续表

分类	编号	花粉壁	花粉内壁	花粉外壁
Ⅲ	2	1.223±0.064	0.377±0.015	0.864±0.065
	3	1.339±0.051	0.453±0.046	0.886±0.029
	6	1.101±0.059	0.287±0.040	0.814±0.045
	7	1.370±0.177	0.549±0.078	0.822±0.099
	8	1.416±0.201	0.293±0.046	1.123±0.156
	9	0.862±0.041	0.112±0.034	0.750±0.045
	14	1.062±0.091	0.323±0.025	0.740±0.091
	22	1.565±0.073	0.519±0.018	1.047±0.064
	25	1.240±0.056	0.416±0.067	0.824±0.033
	45	1.042±0.090	0.199±0.073	0.843±0.062
	54	1.007±0.019	0.233±0.055	0.774±0.047
	57	0.918±0.099	0.119±0.014	0.799±0.113
	62	1.164±0.039	0.200±0.011	0.965±0.031
	63	1.191±0.071	0.264±0.059	0.927±0.026
	64	1.092±0.179	0.315±0.059	0.778±0.132
	65	1.000±0.022	0.297±0.006	0.702±0.025
	66	1.243±0.048	0.237±0.013	1.005±0.046
	70	1.179±0.118	0.251±0.027	0.928±0.121
	72	1.054±0.042	0.122±0.004	0.932±0.038
	74	0.800±0.082	0.098±0.002	0.702±0.082
	75	0.890±0.103	0.220±0.044	0.671±0.092
	77	1.060±0.073	0.240±0.015	0.820±0.074
	78	1.164±0.118	0.315±0.102	0.849±0.090
	X	1.131	0.277	0.855
	SD	0.182	0.118	0.114
Ⅳ	73	1.211±0.058	0.419±0.020	0.793±0.042
	85	1.058±0.054	0.483±0.040	0.575±0.064
	X	1.135	0.451	0.684
	SD	0.108	0.045	0.154

注：随机选取

3 讨论

3.1 银杏雄株多样性孢粉学研究的可行性

植物的花粉是一个由 2~5 个细胞发育而成的有机体，花粉的形态特征主要反映在花粉的大小和形状、花粉壁结构和花粉表面雕纹以及萌发器官等方面（赵永艳，1997；Erdtman，1978），包含大量有关品种（系）特征的遗传信息。花粉的形态特征由基因控制，具有较强的遗传稳定性，可以较客观地反映植物演化与亲缘关系，且分析方法较简单，故孢粉分析在许多植物资源的鉴定与分类研究中起到了重要的作用（Erdtman，1978；Kuddus et al.，2002；甘玲，2006；阳志慧等，2009）。国内外学者曾对银杏雄株进行过多样性或类别研究（Hoon & Staba，1992；Fan et al.，2004；Kuddus et al.，2002；Jiang et al.，2003；Shen et al.，2005；Gong et al.，2008），但是尚未有明确统一的标准。此外，也有研究发现，银杏雄株株系在冠形、枝条、叶片、花期等方面表现一定的差异，不同银杏雄株株系的开花生物学特性和花序也有一定的差异（邢世岩，1998a；赵永艳，1997；Shen et al.，2005）。

3.2 花粉粒的外观形态结构特征

在供试的 86 棵银杏雄株中，通过 OM 观测发现，花粉形态特征呈现明显的多样性。各雄株的花粉粒大小差异明显，其中徐州株系 79 号雄株最大，为 40.23 μm × 20.29 μm，扬州株系 20 雄株最小，为 26.52 μm × 12.05 μm，其余皆介于两者之间。从积累分析来看，Ⅲ型平均值在四个类别中最小。各雄株间花粉壁具有明显的分层结构，外壁分为外壁外层和外壁内层，内、外层平均厚度分别为 0.291 μm 和 0.847 μm，外层厚度约是内层厚度的3倍，但内壁的变异系数（38.2%）比外壁变异性数（15.5%）大。

有研究认为，在长期的演变与分化中，银杏雄株花粉粒的形态、大小都出现了显著差异，而且花粉粒的壁结构及其表面雕纹等发生了复杂的变异（Walker et al.，1976；王宝娟等，2005）。也有学者观察到侏罗纪银杏类花粉化石形态为船形，有三层花粉壁，外壁表面有瘤状突起（Kvacek et al.，2005；Liu et al.，2006），这与我们观察到的失水状态下银杏花粉的形态相似，表明尽管经过长时间的演化，银杏花粉的形态变化并不大，这也有待于在今后的研究中进一步明确。

3.3 花粉外壁表面纹饰的多样性

关于银杏花粉的表面纹饰，张仲鸣（2000）等的研究认为，银杏花粉表面纹饰比较一致，除萌发区外，其他部分都有比较均一的纹饰，这些纹饰主要是条纹。凌裕平（2003）的研究发现有三种类型，即光滑型、粗糙型和中间型。王国霞（2007）的研究认为，多数单株的外壁均较粗糙或粗糙；在纹饰特征方面，有些没有任何特征，大多数有痔形突起和凹坑，有些有点状纹饰，有些有条纹形纹饰，有的是长条纹，有的是短条纹，有些条纹分布有规律——呈2~3条近平行分布，有些则杂乱无章，有些清晰易辨，有些轻微模糊不易分别，规律性不强。郝明灼（2006）通过SEM对来自不同产区的5个银杏雄株的花粉进行观测，也发现不同雄株花粉表面的纹理、光滑程度、有无小孔和有无颗粒状突起存在差异。王国霞等（2010）的分析认为，古银杏花粉外壁微孔的有无表现出地域相关性，即绝大部分具微孔的花粉多来自南方，而不具微孔的却多分布于北方。根据Walker（1976）对原始被子植物花粉外壁纹饰演化规律的研究，王国霞（2007）基于对银杏花粉外壁纹饰的观察，假设银杏花粉的演化规律为：表面光滑，不具明显纹饰→表面粗糙，有穴状或脊状突起→兼有条纹状纹饰和点状纹饰，多有穴状或脊状突起→仅有条纹状纹饰，从不规则分布到2~3条近平行分布。本研究综合前人的研究结果，将银杏花粉表面纹饰分为四种类型，即：球珠镶嵌型、贝甲镶嵌型、线纹镶嵌型、弧纹镶嵌型。

本研究TEM观测结果表明，银杏雄株花粉外壁呈黄色，不同雄株间花粉壁厚度具明显差异，其外壁厚度是内壁的2~6倍。要进一步开发利用花粉中特有的功能性成分，可研究测定花粉外壁近极面和远极面及平均厚度、外壁的覆盖层、柱状层和基足层厚度及其与内含的各功能性成分的相关性，通过花粉壁结构的观测，预测银杏雄株花粉中功能性成分含量水平，为银杏雄株花粉的开发利用提供优质的花粉源和优良株系。

3.4 花粉形态结构的系统聚类分析

本研究增加了供试银杏雄株的样本容量，利用OM、SEM和TEM技术，观察了银杏雄株花粉的极轴长、赤道轴长、P/E比、花粉壁结构、花粉粒表面雕纹等主要由种质基因决定的性状指标，并应用花粉的极轴长、赤道轴长以及P/E比等三元变量进行银杏雄株花粉形态特征的系统聚类分析，采用类平均法确定供试雄株类间距离，结合花粉粒长宽的二维分布及其SEM和TEM的观察结果选用等级结合线，对86棵银杏雄株进行分类。康素红等（1997）对梅花3个系60个品种的花粉形态进行了光镜和电镜观察，对观测结果进行了主成分分析与聚类分析，结果分成6大类，各品种的花粉形态可以较客观地反映梅花品种的亲缘演化关系。蔡丹（2006）对46个株系的四川桂花花粉形态进行主成分分析，综合重要性状为花粉粒大小、花粉形状、萌发器官特点和外壁纹饰特征。聚类分析结果表明，在遗传距离1.74处，四川桂花可以明确地分成5类。

综合前人研究结果（康素红等，1997；蔡丹，2006；Skribanek et al.，2008），多数孢粉学与传统形态分类学的研究结论基本一致，但也有的存在一些差异。这可能是由于外部形态受环境影响较大而产生的。花粉形态则相对较稳定，可以较客观地揭示其遗传本质。但是单凭孢粉学一方面的证据下结论往往不全面也不客观，只有在对细胞学、同工酶、分子标记等方面做进一步研究，再结合形态学进行综合聚类，方可得出客观真实的结论。

图 版

图版Ⅰ　聚类分析的电镜照片
Ⅰ类

No. 1
线纹镶嵌状

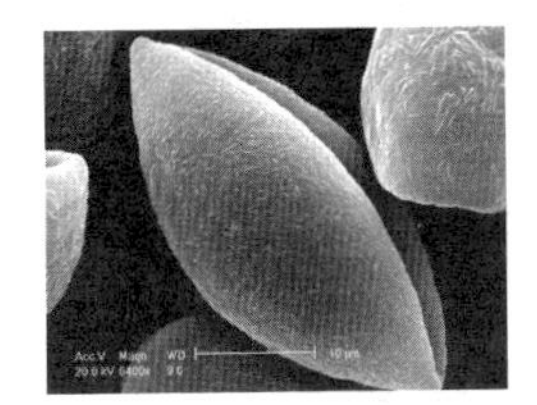

No. 41
线纹镶嵌状

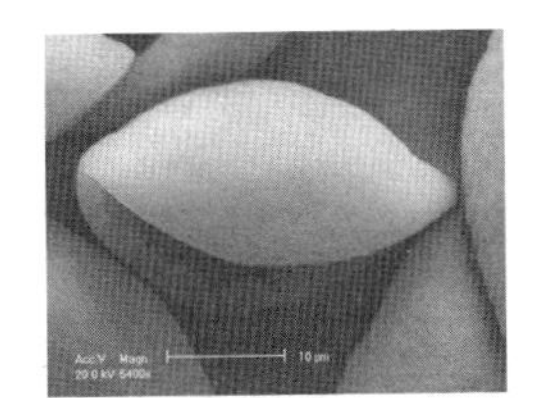

No. 29
弧纹镶嵌状

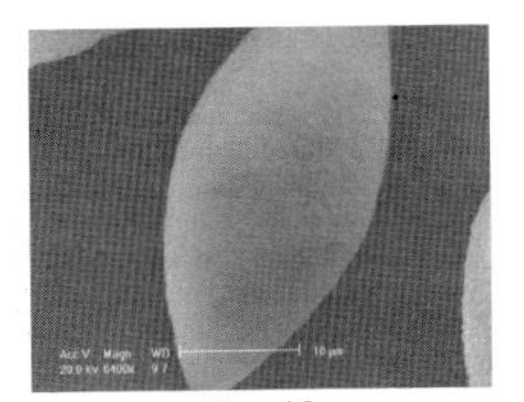

No. 48
弧纹镶嵌状

II类

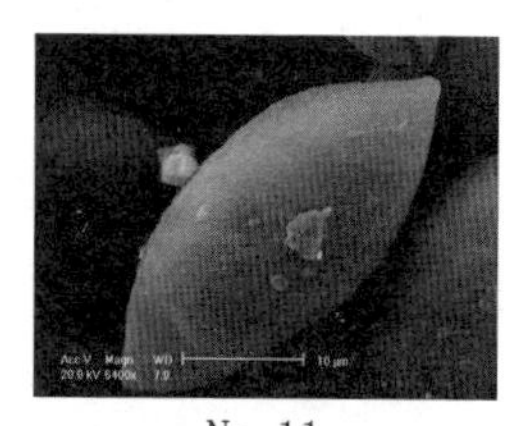

No. 11
球珠镶嵌状

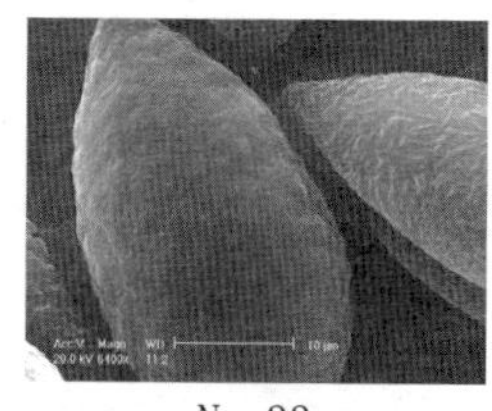

No. 33
线纹镶嵌状

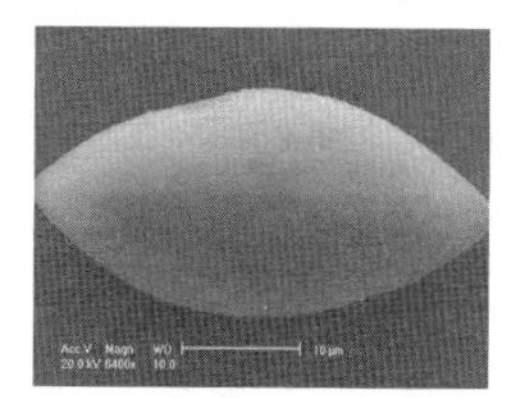

No. 38
弧纹镶嵌状

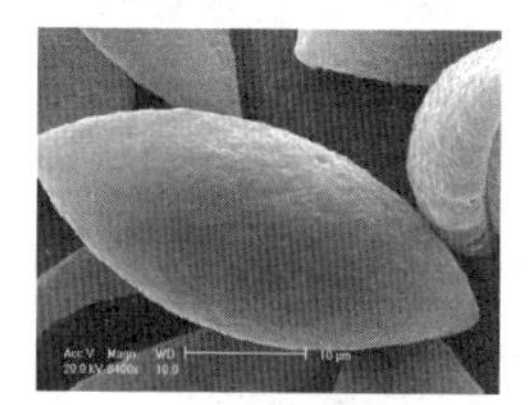

No. 56
线纹镶嵌状

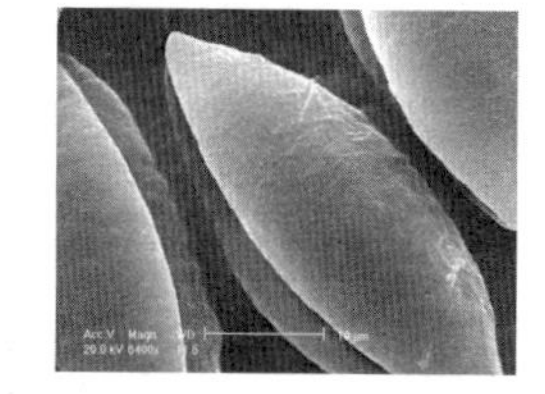

No. 19
线纹镶嵌状

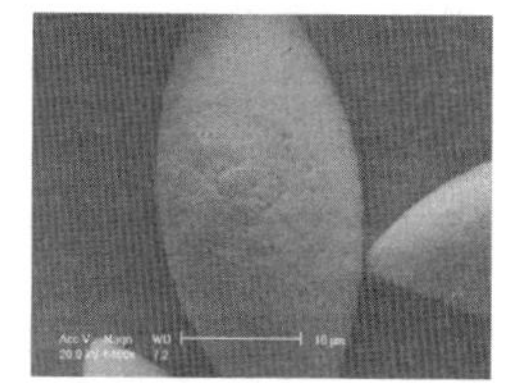

No. 23
弧纹镶嵌状

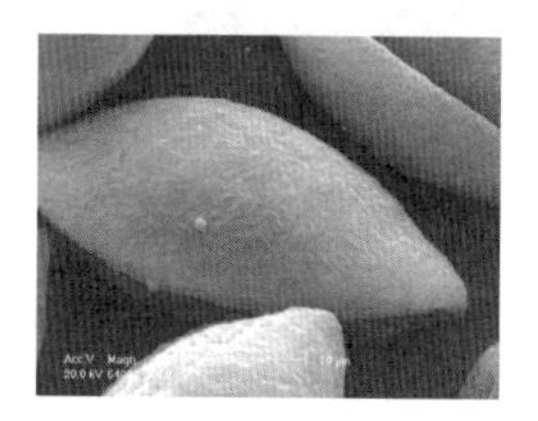

No. 21
线纹镶嵌状

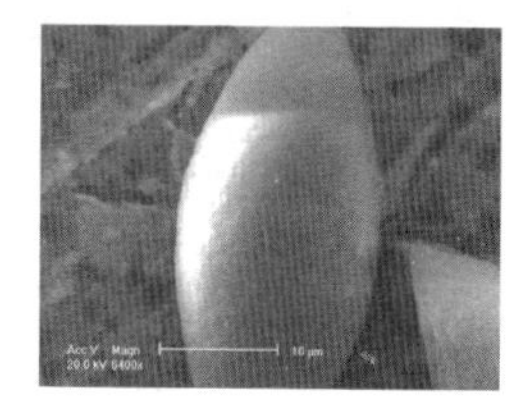

No. 31
弧纹镶嵌状

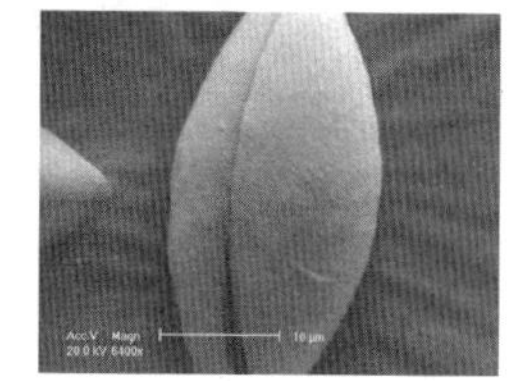

No. 35
弧纹镶嵌状

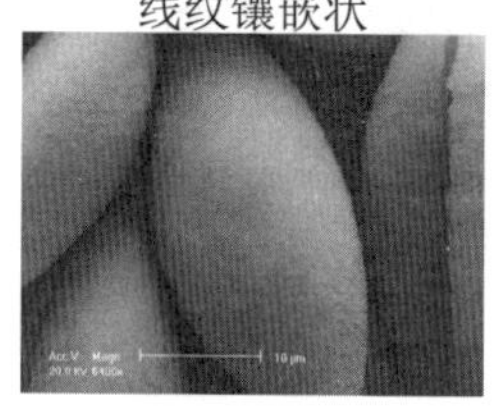

No. 44
弧纹镶嵌状

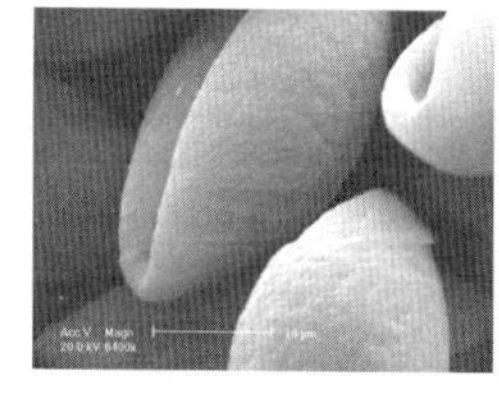

No. 49
线纹镶嵌状

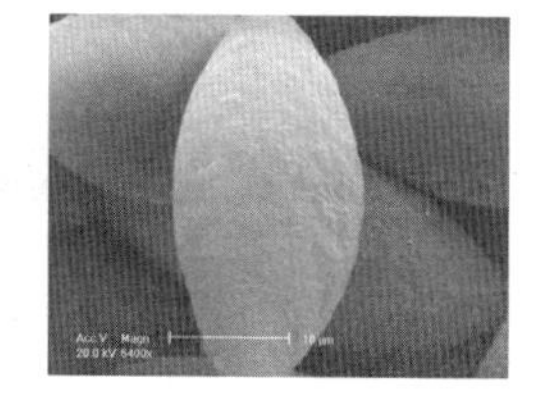

No. 58
线纹镶嵌状

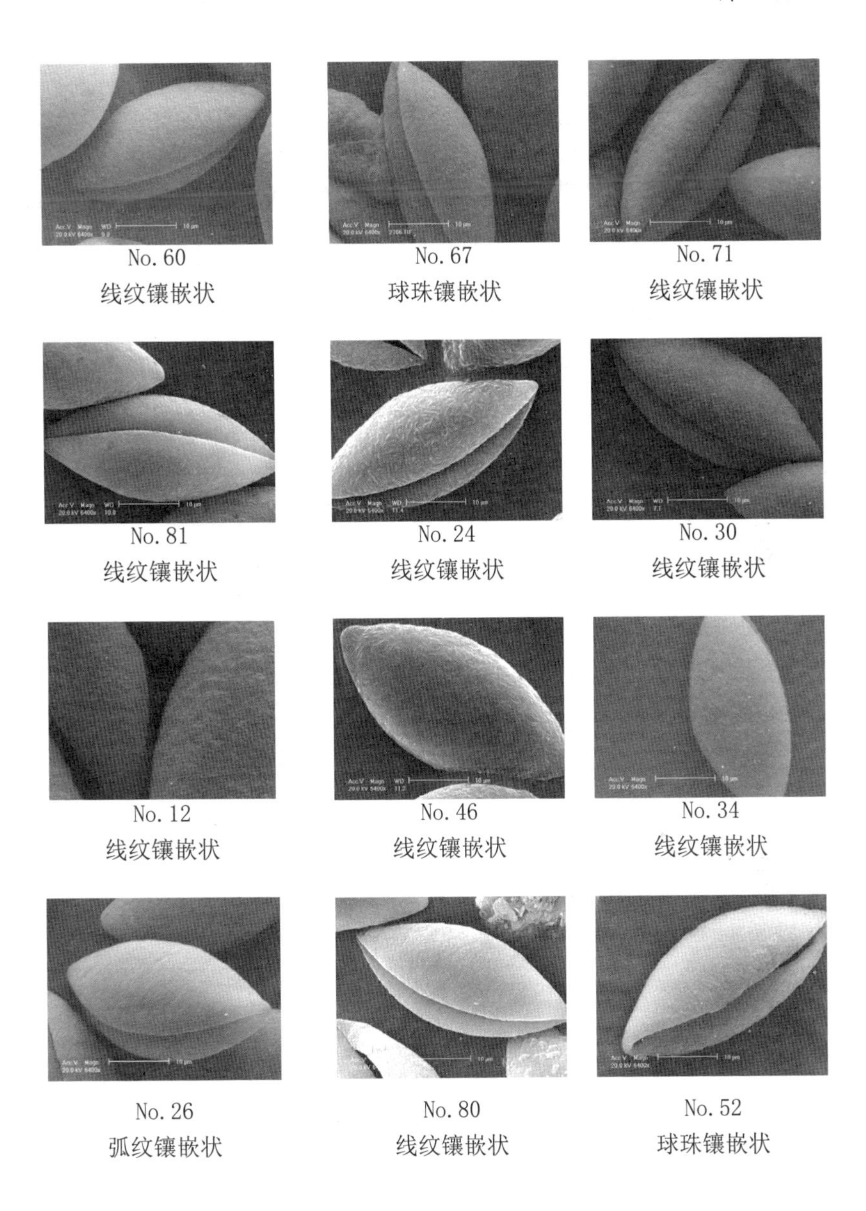

No. 60
线纹镶嵌状

No. 67
球珠镶嵌状

No. 71
线纹镶嵌状

No. 81
线纹镶嵌状

No. 24
线纹镶嵌状

No. 30
线纹镶嵌状

No. 12
线纹镶嵌状

No. 46
线纹镶嵌状

No. 34
线纹镶嵌状

No. 26
弧纹镶嵌状

No. 80
线纹镶嵌状

No. 52
球珠镶嵌状

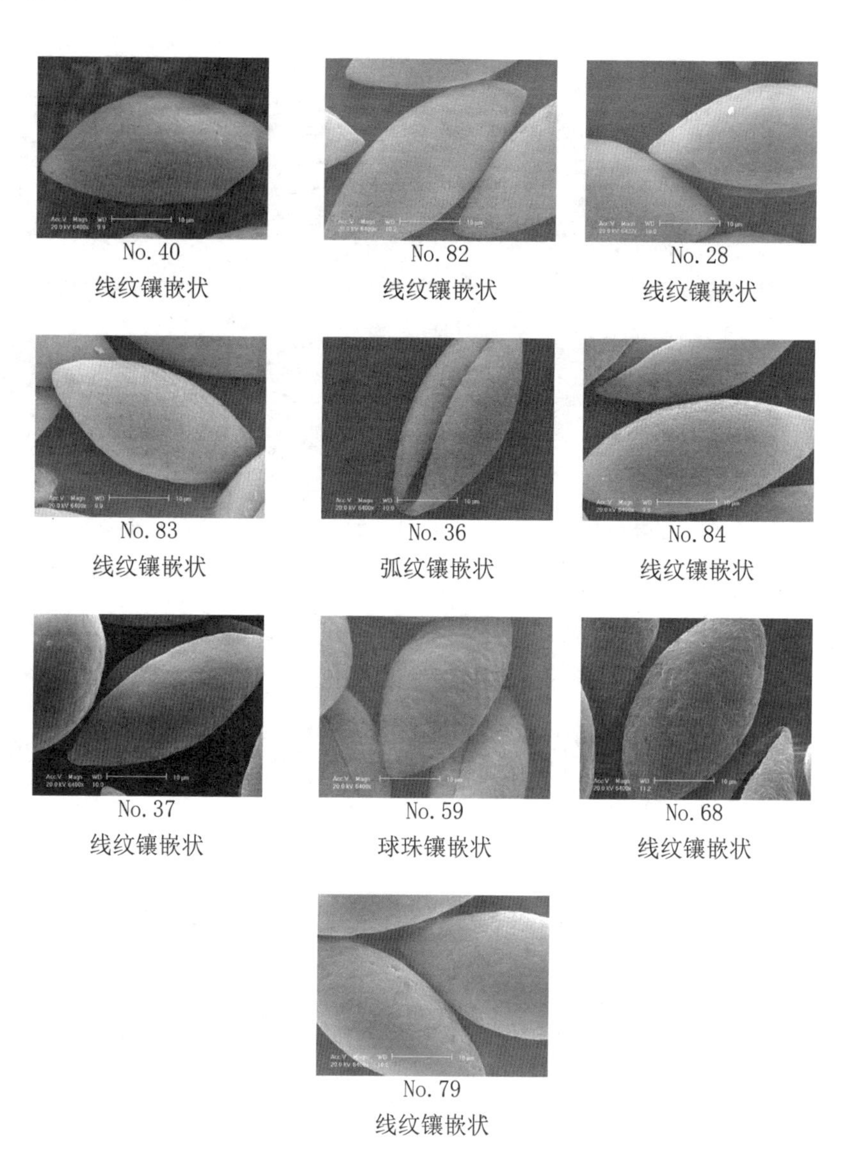

No. 40
线纹镶嵌状

No. 82
线纹镶嵌状

No. 28
线纹镶嵌状

No. 83
线纹镶嵌状

No. 36
弧纹镶嵌状

No. 84
线纹镶嵌状

No. 37
线纹镶嵌状

No. 59
球珠镶嵌状

No. 68
线纹镶嵌状

No. 79
线纹镶嵌状

III 类

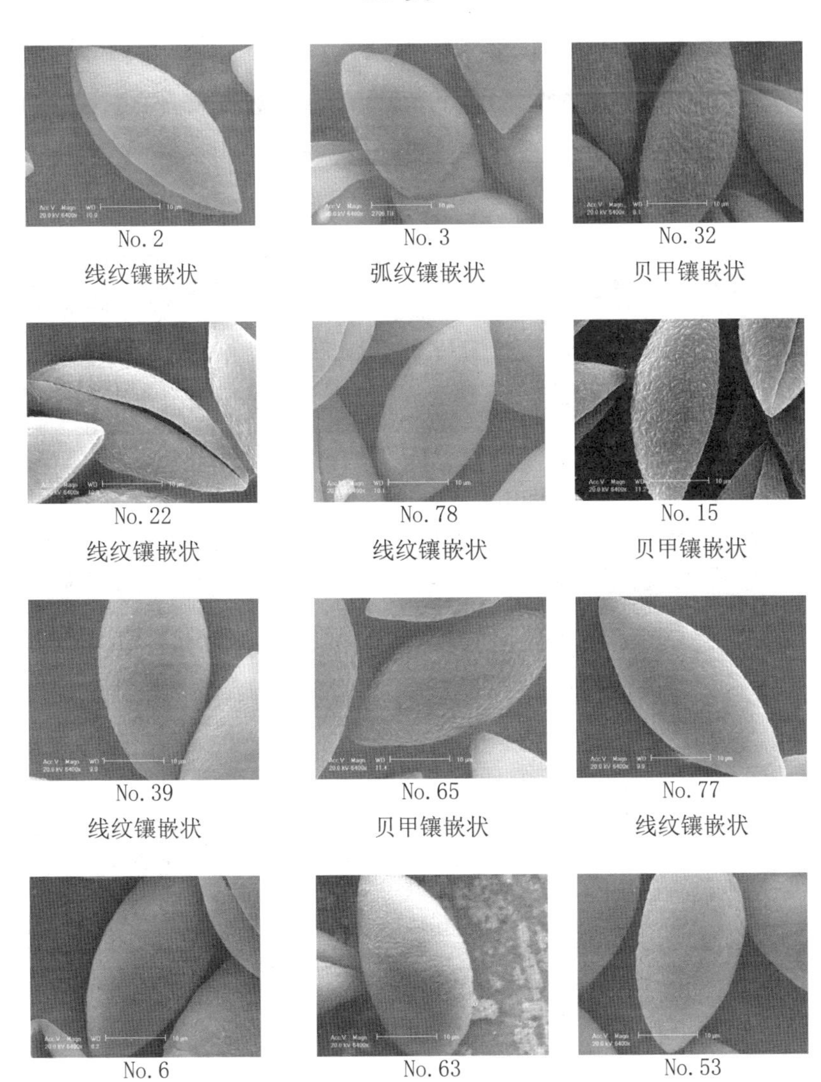

No. 2 线纹镶嵌状

No. 3 弧纹镶嵌状

No. 32 贝甲镶嵌状

No. 22 线纹镶嵌状

No. 78 线纹镶嵌状

No. 15 贝甲镶嵌状

No. 39 线纹镶嵌状

No. 65 贝甲镶嵌状

No. 77 线纹镶嵌状

No. 6 线纹镶嵌状

No. 63 线纹镶嵌状

No. 53 线纹镶嵌状

No. 7 线纹镶嵌状

No. 14 弧纹镶嵌状

No. 72 线纹镶嵌状

No. 47 球珠镶嵌状

No. 16 线纹镶嵌状

No. 66 线纹镶嵌状

No. 57 弧纹镶嵌状

No. 64 弧纹镶嵌状

No. 25 弧纹镶嵌状

No. 43 线纹镶嵌状

No. 51 线纹镶嵌状

No. 45 线纹镶嵌状

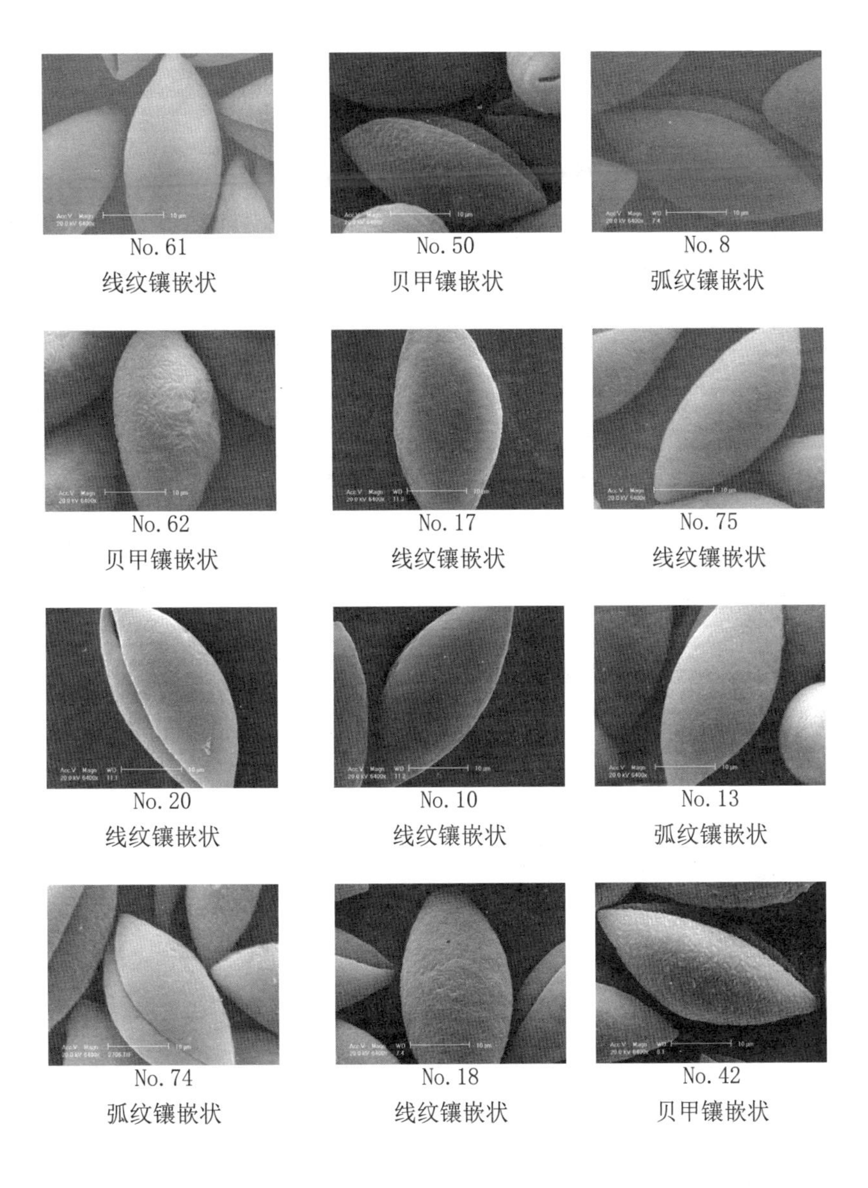

No. 61 线纹镶嵌状

No. 50 贝甲镶嵌状

No. 8 弧纹镶嵌状

No. 62 贝甲镶嵌状

No. 17 线纹镶嵌状

No. 75 线纹镶嵌状

No. 20 线纹镶嵌状

No. 10 线纹镶嵌状

No. 13 弧纹镶嵌状

No. 74 弧纹镶嵌状

No. 18 线纹镶嵌状

No. 42 贝甲镶嵌状

No. 69
贝甲镶嵌状

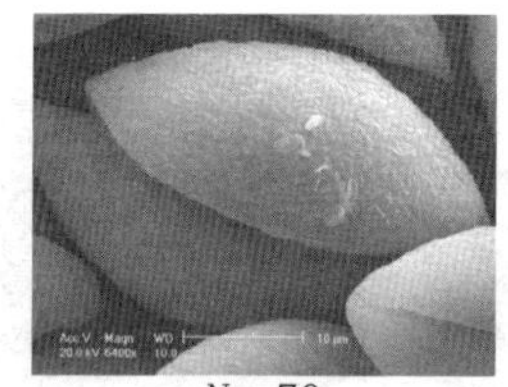
No. 70
贝甲镶嵌状

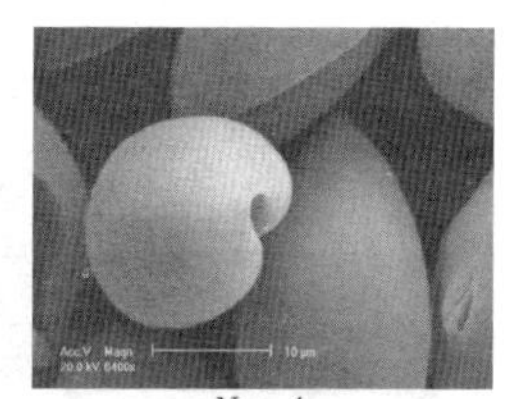
No. 4
弧纹镶嵌状

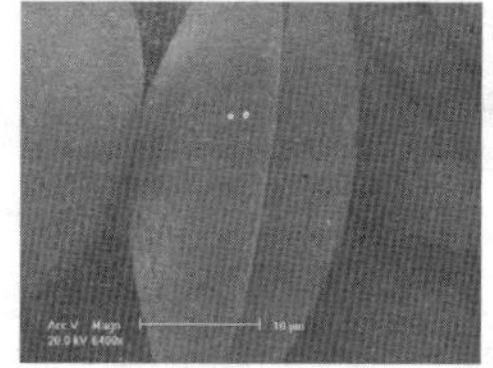
No. 5
线纹镶嵌状

No. 27
球珠镶嵌状

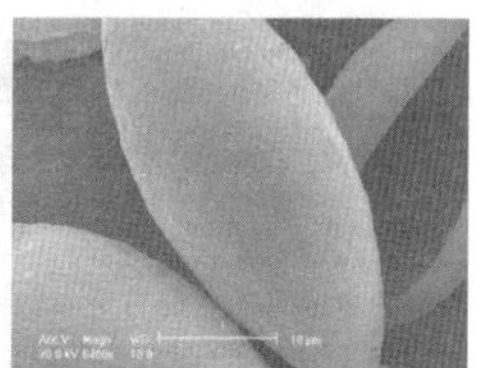
No. 9
线纹镶嵌状

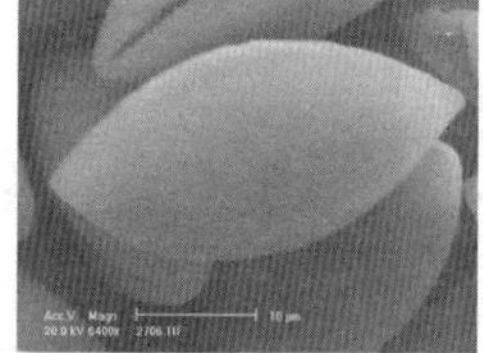
No. 54
弧纹镶嵌状

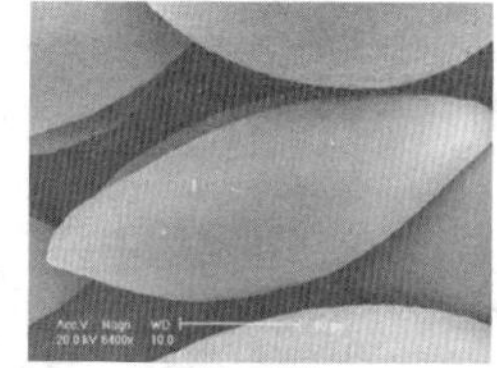
No. 55
线纹镶嵌状

Ⅳ类

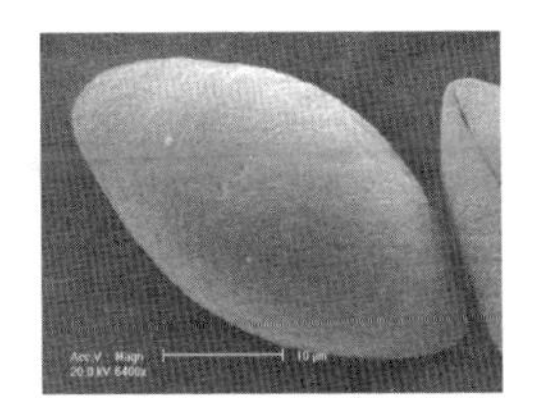

No. 73
线纹镶嵌状

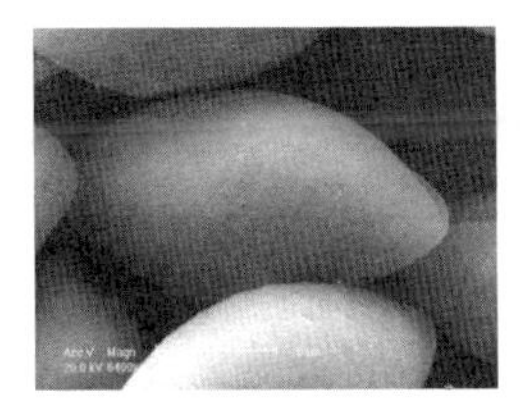

No. 76
弧纹镶嵌状

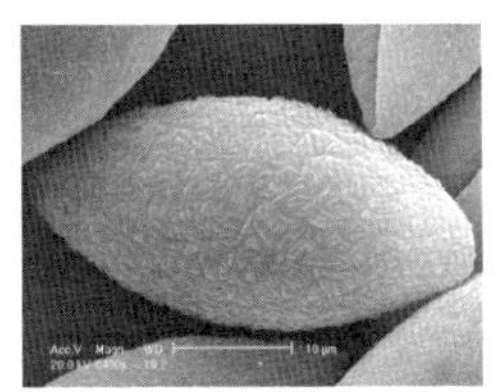

No. 85
贝甲镶嵌状

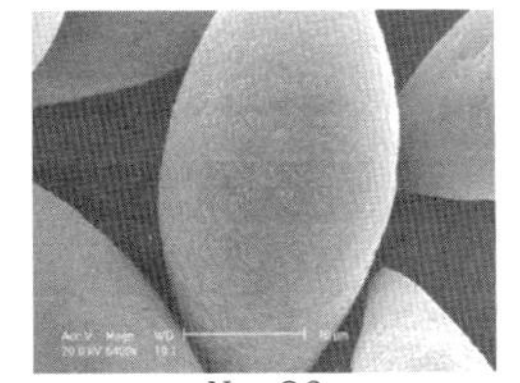

No. 86
贝甲镶嵌状

第三章　银杏雄株资源多样性的ISSR标记分析

本研究连续两年以扬州、徐州及泰州地区的86棵银杏（Ginkgo biloba L.）雄株为试材，利用ISSR分子标记技术分析其遗传多样性。研究采用改良CTAB法提取银杏基因组DNA，其条带清晰、完整，迁移率与λDNA相当。应用正交试验设计[$L_{16}(4^4)$]筛选和优化，得到适于银杏ISSR-PCR分析的优化体系。利用100个ISSR引物分别对试材进行扩增，筛选得到12个扩增条带信号清晰的引物，筛选的12个引物对供试银杏雄株共扩增出94条DNA条带，其中多态性DNA条带为56条，多态位点百分数（P）为59.57%，每个引物扩增条带5~11条，片段大小为200~2000 bp。供试雄株的平均有效等位基因数（Ne）为1.7149，平均基因多样度（H）为0.3966，平均Shannon's信息指数（I）为0.5771，有丰富的遗传多样性。供试银杏雄株个体间的Nei's距离为0.0443~0.9667，利用最长距离法进行系统聚类分析，取阈值为0.8234时，可分为两类；取阈值为0.6342时，可分为五类。研究表明，供试雄株的总遗传变异中有10.48%存在于群体间，群体内的遗传变异为89.52%，明显高于银杏雄株群体间的遗传变异。三个银杏雄株群体的平均有效等位基因数（Ne）分别为1.7199、1.5520、1.5916，平均基因多样度（H）分别为0.3964、0.3066、0.3380，平均Shannon's信息指数（I）分别为0.5760、0.4473、0.4964，其Ne、H、I的大小顺序完全一致，银杏雄株遗传多样性水平均为扬州株系>徐州株系>泰州株系。三个银杏雄株群体的基因流（Nm）为4.2710，且群体间的遗传一致度也较高，说明群体间存在广泛的基因交流。

虽然银杏为单科属种，但由于其雌雄异株且分布广泛，在长期的生长演化过程中，形成了丰富种质资源，我国拥有世界种质的90%（Rothwell & Holt, 1997；邢世岩等，2001；Chen et al.，2003；程勤贤等，2007；Baliutyte et al.，2010）。在分子水平上研究雄株的亲缘关系及其多样性，有利于丰富、完善银杏种质基因库，提高银杏资源开发与利用水平（宋国涛，2006）。近年来，国内外许多学者利用等位酶（Tsumura et al.，1997）、RAPD（刘叔倩等，2001；Hong et al.，2001；Kuddus et al.， 2002；Fan et al.，2004; Jiang et al.，2003）、ISSR（Hong et al.，2001；葛永奇等，2003）、RFLP (Shen et al.，2005；Gong et al.，2008a)、AFLP（王利等，2008；Gong et al.，2008b）等在银杏的亲缘关系、多样性、性别标记等方面进行了研究和探讨，但上述研究试材大多未分雌雄株，或者仅仅针对雌株。目前，银杏雄株的研究主要集中于药用效果、成分的含量（Mar & Bent，1999；陈鹏等，2000；邢世岩等，2002；Xue & Roy，2003）、配子体发育（Hirase et al.，1896；张仲鸣等，1999；王莉等，2010）、花芽形态分化（张万萍等，2001）、开花生物学特性（邢世岩等，1998a；Skribanek et al.，2008）、基因组学（Wang et al.，2010）等方面，仅有少数学者运用RAPD（邢世岩等，2002）、AFLP（王利等，2006）等分子标记技术研究了部分银杏雄株的亲缘关系，尚未发现应用 ISSR 技术分析银杏雄株亲缘关系的报道。

ISSR（Inter-simple sequence repeats）是一种基于微卫星序列的新的分子标记技术，由 Zietkiewicz 等提出，用于检测 SSR（Simple sequence repeat）间 DNA 序列差异，它比 RAPD 有更高的可重复性和稳定性（Hirase et al.，1896；邹喻苹等，2001；Yan et al.，2009）。与 AFLP 相比，ISSR 有更快捷、稳定、成本较低、DNA 用量小、安全性较高的特点（张青林 等，2004)。目前，运用 ISSR 技术在果树亲缘关系分析和品种鉴定等方面的报道较多（Zhong et al.，2006），包括梨（Luisa et al.，2001）、核桃（Shimada，2000）、柑橘（Fang et al.，1998）、葡萄（Moreno et al.，1998）、杨梅（潘鸿等，2008）、山楂（代红艳等，2007）、李（王进等，2008）等。

本研究利用 ISSR 分子标记技术，以三个地区株系的不同银杏雄株为试材，开展遗传多样性分析，以期为银杏雄株种质资源的搜集、保存、分子鉴定和核心种质筛选提供理论依据。

1 材料与方法

1.1 试验材料

供试材料同上（见表 2.1），泰州品系的试材嫁接生长于扬州大学银杏资源圃内，于银杏雄株萌芽后 30 d 左右采集枝梢幼嫩叶片，每株约 100 片，带回实验室后立即用液氮处理，然后置于 −20 ℃冰箱保存备用。

1.2 主要仪器和设备

冷冻干燥机，高速冷冻离心机，真空干燥泵，电泳仪，PCR 仪，恒温水浴锅，紫外分光光度计，凝胶成像及分析系统。

1.3 主要药品和试剂

DNA 提取：苯酚、氯仿、乙醇、异丙醇、异戊醇、RNA 酶、DNA 提取液（配方为：100 mmol pH 8.0 Tris-HCl、20 mmol EDTA、1.4 mol NaCl、2% CTAB、5 %β－巯基乙醇、3 % 聚乙烯吡咯烷酮）。

PCR 反应：TaqDNA 聚合酶、10×PCR 反应缓冲液（含有 500 mmol·L^{-1} KCl、100 mmol·L^{-1} pH 8.3 Tris-HCl、15 mmol·L^{-1} $MgCl_2$）、0.1 % 明胶、引物、20~200 μmol·L^{-1} dNTP

电泳：标准分子量（Marker）DL2000、琼脂糖凝胶（含 EB 染胶）。

1.4 银杏雄株叶片基因组 DNA 的提取与纯化

采用改良 CTAB 法（魏春红和李毅，2006；王家保等，2006）提取银杏雄株叶片基因组 DNA，具体操作步骤如下。

（1）取 1 g 左右银杏叶于研钵中，倒入液氮，迅速研磨至粉末状时，即转入装有 4 ml 预热至 65 ℃ 的提取液的离心管中，轻轻摇匀。

（2）65 ℃水浴 1 h，每隔 15 min 轻摇一次，结束后，取出冷却至室温。

（3）加入等体积（4 ml）的氯仿：异戊醇（24∶1）混合液，缓慢翻转离心管，充分混匀后，4 ℃下 10 000 rpm 离心 15

min。

（4）取上层水相转至另一新离心管中，加1/10体积的提取液，加等体积氯仿：异戊醇（24：1），缓慢翻转离心管，充分混匀后，4 ℃下10 000 rpm离心15 min。

（5）取上层水相转至另一新离心管中，重复步骤（4）。

（6）取上层水相，加2/3体积预冷至−20 ℃的异丙醇，−20 ℃静置过夜；

（7）挑出白色絮状物至1.5 ml离心管中，用70%的无水乙醇漂洗2~3次，自然风干，加200 μL ddH_2O 及3 Ml RNase（10 mg · ml^{-1}）溶解后保温（37 ℃）1 h，以裂解RNA。

（8）4 ℃保存备用，−20 ℃长期保存。

1.5 银杏基因组DNA质量的检测

用琼脂糖凝胶电泳检测DNA的完整性、含量。

用紫外分光光度计在吸收峰为260 nm与280 nm两波长处吸收的比值（A260/A280），测定DNA的浓度。

1.6 PCR扩增

利用正交试验设计优化Taq酶、Mg^{2+}、dNTP、引物4个因素4个水平银杏雄株ISSR—PCR的反应体系（表3.1，表3.2）。全部ISSR扩增反应在同一台Biometra PCR仪上进行，以86棵银杏雄株的DNA为模板，采用经相关文献报道和预备试验确定的适合银杏ISSR标记的实验条件。

表 3.1　银杏雄株 ISSR-PCR 反应体系的设计与处理

处理	处理水平			
	1	2	3	4
Taq 酶 (U)	0.50	1.00	1.50	2.00
Mg^{2+} (mmol·L^{-1})	1.50	2.00	2.50	3.00
dNTP (mmol·L^{-1})	0.15	0.20	0.25	0.30
引物 (μmol·L^{-1})	0.30	0.40	0.50	0.60

表 3.2　ISSR-PCR 反应体系的 $L_{16}(4^4)$ 正交试验优化设计

处理组合	因　素 Factors			
	Taq 酶 (U)	Mg^{2+} (mmol·L^{-1})	dNTP (mmol·L^{-1})	引物 Primer (μmol·L^{-1})
1	0.50	1.50	0.15	0.30
2	0.50	2.00	0.20	0.40
3	0.50	2.50	0.25	0.50
4	0.50	3.00	0.30	0.60
5	1.00	1.50	0.30	0.60
6	1.00	2.00	0.15	0.50
7	1.00	2.50	0.20	0.40
8	1.00	3.00	0.25	0.30
9	1.50	1.50	0.20	0.40
10	1.50	2.00	0.25	0.30
11	1.50	2.50	0.30	0.60
12	1.50	3.00	0.15	0.50
13	2.00	1.50	0.25	0.50
14	2.00	2.00	0.30	0.60
15	2.00	2.50	0.15	0.30
16	2.00	3.00	0.20	0.40

反应体系为 25 μl：模板 DNA50 ng，10×PCR Buffer 2 μl，Taq 酶 1 U，Mg^{2+} 2.5 mmol · L^{-1}，dNTP 为 0.20 mmol · L^{-1}，引物 0.4 μmol · L^{-1}，ddH_2O。

PCR 扩增条件：预变性 94 ℃ 5 min；变性 94 ℃ 45 s，复性 49~58 ℃ 45 s，延伸 72 ℃ 75 s，35 个循环；循环结束后 72 ℃ 延伸 10 min；4 ℃保存。

PCR 产物在 3.0 % 琼脂糖凝胶中电泳，以标准分子量（Marker）DL2000 作为对照，用 UVP 自动成像，位点的命名由所用引物和条带大小来确定。

表 3.3　银杏雄株 ISSR 标记的引物序列

引物	引物序列（5'-3'）	引物	引物序列（5'-3'）
Z1	ACACACACACACACACCG	ISSR3	GAGAGAGAGAGAGAGAC
AW986	CACACACACACACACAAG	K22	CACACACACACACACAGT
AW988	ACACACACACACACACSG	ISSR17	GACAGACAGACAGACA
AW566	ACACACACACACACACGA	ISSR25	ACACACACACACACACCA
AW567	ACACACACACACACACGG	UBC815	CTCTCTCTCTCTCTCTG
AW563	GAGAGAGAGAGAGAGAA	UBC857	ACACACACACACACACYG

1.7 ISSR 引物的筛选

参考国内外裸子植物和木本植物的 ISSR 引物序列，委托上海生工生物工程有限公司合成 100 个 ISSR 引物，利用上述优化的 ISSR 反应体系，对 86 个材料 DNA 模板逐个筛选，选出 12 个扩增条带重复性好、多态性高、背景清晰的引物（详见表 3.3），数据进行统计分析。

1.8 统计分析

利用统计软件 SPSS 对正交试验处理和评分结果进行方差分析。对获得清晰可重复的 DNA 条带进行统计，有带记为“1”，无带记为“0”，构成遗传相似矩阵。用 POPGENE32 (Yeh et al.，1997) 计算种群内和种群间多态位点百分率（P）、等位基因数（N_a）及有效等位基因数（N_e）、基因多样性指数（H）、Shannon's 信息指数（I）、群体总基因多态性（H_t）、群体内基因多态性（H_s）和基因流（N_m）。对各种质材料间的聚类分析是利用 NTSYS—pc2.01（Rohlf，1998）软件按基于 Nei-Li 遗传相似系数 (GS，即 Dice 系数) 的最长距离法 (Complete Linkage) 构建单株间 UPGMA 聚类图（Nei et al.，1979；Tang et al.，2003)，参考组内平方和确定分类阈值。

2 结果分析

2.1 叶片基因组 DNA 提取与质量检测

关于银杏基因组 DNA 的提取方法，已有相关的研究报道（沈永宝等，2005；王晓梅等，2002；余立辉等，2006)，所用材料及方法也有不同。银杏叶内含多糖、酚类、萜类化合物等多种复杂次生代谢物，它们在银杏基因组 DNA 提取的过程中易与 DNA 形成较难溶解的黏稠胶状物或发生褐变，严重抑制 Taq DNA 聚合酶活性，因此，必须去除这些次生代谢物，才能获得高质量的银杏基因组 DNA。为了将这些次生物质的影响降至最低，本文采用改良的 CTAB 法，以初展开的嫩叶为实验材料，减少次生物质；在 DNA 提取与纯化过程中，为充分去除各种杂质，有效提高所提取的 DNA 的质量，选取了较高浓度的 β—巯基乙醇（5%）和聚乙烯吡咯烷酮（3%），并适当增加氯仿的抽提次数。

经上述方法提取的银杏基因组 DNA 经 1% 琼脂糖凝胶电泳检测，结果（见图 3.1）表明，提取的 DNA 是一条清晰完整明亮的带，迁移率与 λDNA 相当，无明显拖尾或弥散现象，凝胶的点样槽中也未发现明显的荧光信号。DNA 紫外光谱检测的结果见表 3.4，DNA 浓度最小为 652 ng · μl^{-1}，A_{260}/A_{280} 最小 1.75 ng · μl^{-1}，最大 1.94 ng · μl^{-1}，Weising（1995）认为，DNA 所需浓度在每个反应体系（25 μL）中一般只需 10~200 ng, DNA 浓度过低会影响 PCR 扩增式样，容易得到引物二聚体，另外模板浓度过高则会影响重复性。因此可以推断，本试验提取的 DNA 纯度高、浓度好，符合研究的要求，适合于 PCR 扩增。

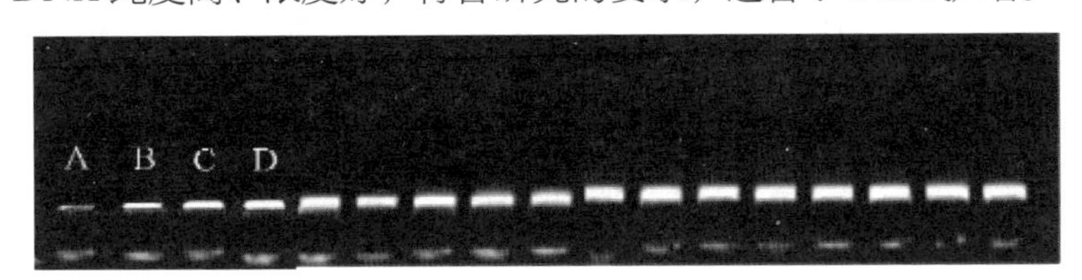

图 3.1　银杏基因组 DNA 琼脂糖检测结果

表 3.4　银杏雄株基因组 DNA 的检测

编号	浓度（ng · μL⁻¹）	A260/A280	编号	浓度（ng · μL⁻¹）	A260/A280
1	1129	1.78	44	5520	1.92
2	1060	1.94	45	4943	1.92
3	4780	1.90	46	4856	1.90
4	4356	1.91	47	6699	1.93
5	1177	1.91	48	5461	1.93
6	4237	1.90	49	5211	1.92
7	4349	1.92	50	5589	1.94
8	4889	1.92	51	4395	1.90
9	652	1.75	52	5050	1.91
10	3582	1.91	53	5450	1.9
11	2969	1.88	54	6716	1.93
12	4052	1.89	55	6969	1.93

续表

编号	浓度 (ng·μL⁻¹)	A260/A280	编号	浓度 (ng·μL⁻¹)	A260/A280
13	4658	1.91	56	5495	1.92
14	3753	1.90	57	4820	1.89
15	5211	1.91	58	3886	1.88
16	685	1.75	59	5356	1.89
17	5301	1.89	60	9927	1.90
18	4311	1.89	61	8324	1.90
19	4168	1.88	62	5007	1.88
20	682	1.66	63	6464	1.95
21	3932	1.91	64	3726	1.88
22	1662	1.82	65	7953	1.93
23	3923	1.90	66	7658	1.91
24	3693	1.89	67	4881	1.91
25	5692	1.93	68	3938	1.90
26	1268	1.90	69	6551	1.94
27	9609	1.94	70	4881	1.92
28	9807	1.95	71	4072	1.87
29	1603	1.81	72	5246	1.93
30	1975	1.85	73	7332	1.95
31	4005	1.87	74	1382	1.74
32	4897	1.89	75	3901	1.82
33	5047	1.91	76	2201	1.85
34	5718	1.93	77	3255	1.87
35	6006	1.91	78	3138	1.87
36	5678	1.92	79	4744	1.87
37	4141	1.90	80	8475	1.94
38	4635	1.92	81	6985	1.93
39	4772	1.89	82	7774	1.93
40	688	1.79	83	5083	1.92
41	2965	1.85	84	5897	1.91
42	5682	1.90	85	5313	1.92
43	3542	1.88	86	5298	1.92

2.2 ISSR—PCR 反应体系的优化与建立

由于 ISSR 标记主要是以单一引物且以重复序列为主要引物序列的 PCR 标记，所以其反应条件易受很多因素影响，如 Taq 酶、Mg^{2+}、模板 DNA、dNTP、引物的浓度等都可能影响 PCR 反应的结果。完全组合设计虽然可以考察 PCR 体系中各因子的相互作用，得到的最佳反应体系也较稳定，但要做大量的 PCR 扩增工作，试验周期较长 (乔玉山等，2003)。正交试验设计具有均衡分散、 综合可比及可伸缩、效应明确等特性（盖钧镒，2000），故本文利用正交试验设计的方法优化银杏雄株 ISSR—PCR 反应体系。

根据图 3.2 电泳结果，依扩增条带的敏感性与特异性即条带的强弱和杂带的多少将各处理的结果做 1~16 分记分，分数越高，表示敏感性、特异性越好。两次重复分别独立统计，依处理次序得到的两次分数分别记为：1、3、6、4、11、12、16、13、14、10、9、7、2、5、15、8 及 1、4、 6、 3、 12、 11、16、13、 14、 10、 9、 7、 5、 2、 15、8（从右至左）。从两次重复的结果来看，各个处理组合反应的一致性均较高。

2.2.1 正交设计的直观分析

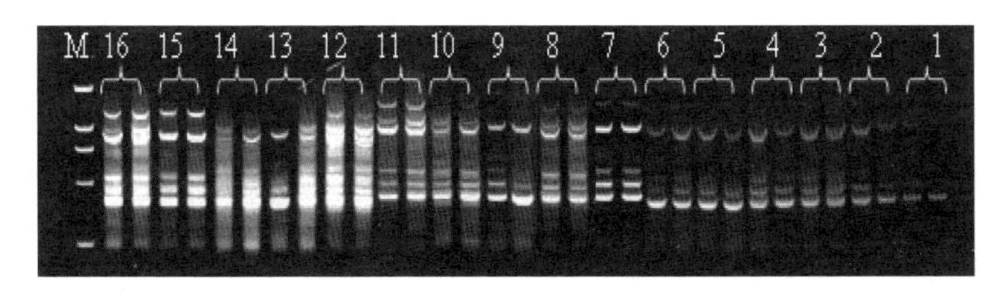

图 3.2　银杏雄株正交设计优化的处理组合的 ISSR—PCR 电泳图

2.2.2 试验结果的统计分析

利用统计软件 SPSS 对试验处理和评分结果进行方差分析（表 3.5），结果表明，各处理间差异极显著，所检测的四个因素不同水平间的差异，除 Mg^{2+} 浓度处于显著水平外，其余都达到了极显著水平，因此可以进一步进行多重比较分析。

表 3.5 ISSR-PCR 反应体系中不同处理扩增效果的方差分析

变异来源	方差和	自由度	平均方差	F 值
处理间	669.000	15	44.600	64.873**
处理内	11.000	16	0.688	
总变异	680.000	31		

注：* 代表 0.05 水平差异显著；** 代表 0.01 水平差异显著

表 3.6 ISSR-PCR 反应体系的因素间扩增效果的方差分析

变异来源	方差和	自由度	平均方差	F 值
Taq 酶	194.000	3	64.667	278.348**
Mg^{2+}	18.253	3	6.084	26.189*
dNTP	37.324	3	12.441	53.552**
Primer	35.418	3	11.806	50.818**
误差	0.697	3	0.232	
总变异	334.500	15		

2.2.2.1 Taq 酶浓度对 PCR 结果的影响

由图 3.3 可以看出，随着 Taq 酶浓度的增大，结果均值呈单峰曲线变化，当酶浓度为 1 U · 25 μl^{-1} 时，结果均值最大。当 Taq 酶浓度低于 1 U · 25 μl^{-1} 时，PCR 反应的敏感性差，扩增的条带少（如图3.2中的1—4号处理），提供的信息少；酶量高于1 U·25 μl^{-1}时，则扩增反应的特异性降低，产生大量的弥散片断，形成很亮的背景（如图3.2中的13—16号处理），不利于条带的观察分析。因此，1.0 U为此反应系统的最佳Taq酶浓度。这与金凤（2006）和周俐宏（2009）以及赵杨（2006）在月季和胡枝子属分类研究时建立的ISSR—PCR反应体系相当，比覃子海（2007）在桉树方面建立的Taq酶浓度（1.25 U）低。

另外，图3.3中曲线的波动幅度较图3.4、图3.5、图3.6大，也说明Taq酶浓度对PCR结果的影响较其他因素更明显，Taq酶浓度对试验结果的影响最大。

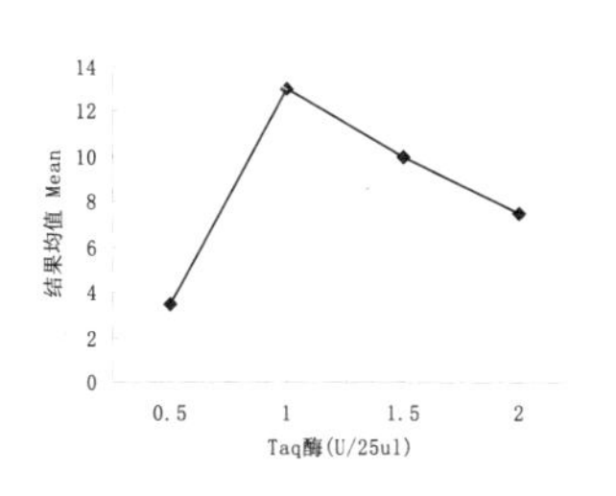

图3.3 ISSR-PCR反应体系中酶浓度与结果均值的关系

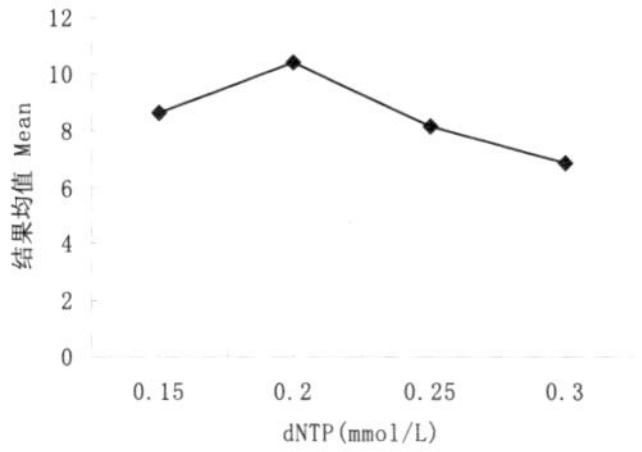

图3.4 ISSR-PCR反应体系中dNTP与结果均值的关系

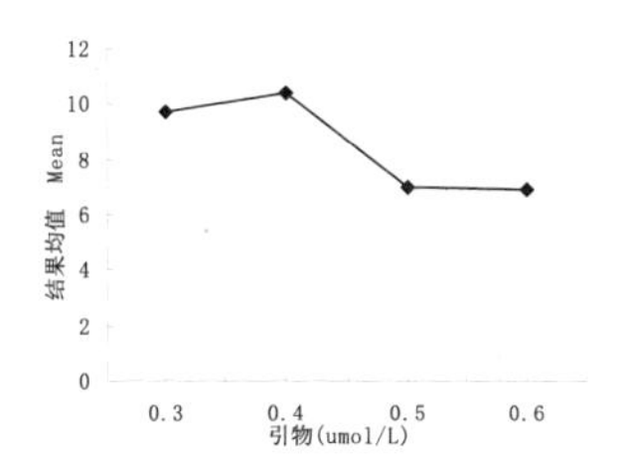

图3.5 ISSR-PCR反应体系中引物浓度

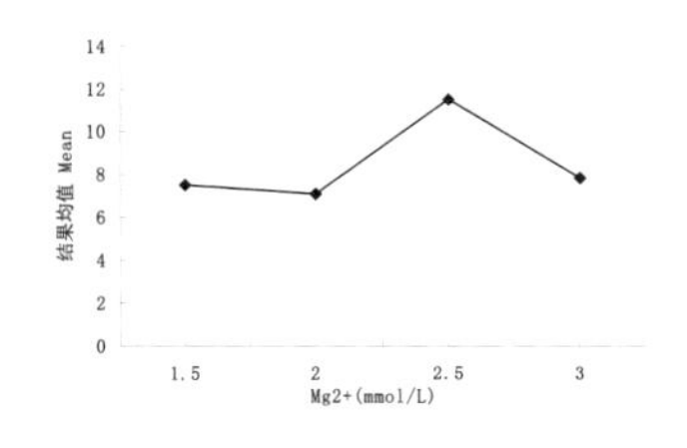

图3.6 ISSR-PCR反应体系中Mg^{2+}浓度与结果

2.2.2.2 dNTP 浓度对 PCR 结果的影响

dNTP 是 PCR 的原料，其浓度取决于扩增片段的长度，大多类似的研究采用的浓度范围为 0.05~0.3mmol · L^{-1}，浓度过高会产生错误掺入，太低易导致产率小，甚至过早地消耗 dNTP 而使扩增产物单链化（卢圣栋，1999）。从图 3.4 可以看出，dNTP 浓度为 0.15~0.20 mmol · L^{-1} 时，反应结果均值缓慢上升；当 dNTP 浓度为 0.20 mmol · L^{-1} 时，达到了最佳效果；若 dNTP 浓度继续增加，结果均值下降。本研究通过优化所得适合的 dNTP 浓度为 0.2 mmol · L^{-1}，这与高丽等（2006）对春兰 ISSR 最优反应条件的报道一致，比张文标（2006）研究甜槠 ISSR−PCR 反应体系（0.25 mmol · L^{-1}）略低。

2.2.2.3 引物浓度对 PCR 结果的影响

引物的浓度会对 PCR 扩增带型产生明显的影响，浓度过低可能不产生扩增，浓度过高会增加引物二聚体的形成，引起模板与引物的错配，条带不清晰或者产生新的特异性位点，使 PCR 反应特异性下降（林万明，1993）。为了减少非特异性扩增，加强重复性，本试验在 0.3~0.6 μmol · L^{-1} 间设置了 4 个引物浓度梯度，分析其对扩增效果的影响。

本试验采用的 4 个引物浓度梯度分别为 0.3 μmol · L^{-1}、0.4 μmol · L^{-1}、0.5 μmol · L^{-1}、0.6 μmol · L^{-1}，由图 3.5 可知，在 0.3 μmol · L^{-1} 与 0.4 μmol · L^{-1} 水平上整体效果较好，且呈缓慢的上升趋势，在 0.5 μmol · L^{-1} 与 0.6 μmol · L^{-1} 水平上 PCR 结果则较差。因此引物浓度的最佳水平应选择 0.4 μmol · L^{-1}。

2.2.2.4 Mg^{2+} 浓度对 PCR 结果的影响

研究采用 Mg^{2+} 改变聚合酶的活性，对 PCR 反应结果产生影响，实验设计了 1.5 mmol · L^{-1}、2.0 mmol · L^{-1}、2.5

mmol · L^{-1} 和 3.0 mmol · L^{-1} 4 个水平，由图 3.6 可以看出，Mg^{2+} 在 1.5~2.0 mmol · L^{-1} 浓度范围时，结果均值变化不大；在 2.0 mmol · L^{-1}–2.5 mmol · L^{-1} 范围时，反应结果平均值随着 Mg^{2+} 的浓度增加递增，而当 Mg^{2+} 浓度大于 2.5 mmol · L^{-1} 时，产生很亮的背景，推测可能是由于酶活性过高，产生了大量非特异性的弥散带。因此本研究 Mg^{2+} 浓度的最佳水平应选 2.5 mmol · L^{-1}。

2.2.3 退火温度的确定

与 RAPD 的随机引物相比，ISSR 引物更长，因而所要求的退火温度也更高，在实验结果上 ISSR–PCR 的可重复性比 RAPD–PCR 更高，所以能获得更可靠的结果，但也有研究持相反的观点（Sankar et al.，2001；Bingrui et al.，2005）。根据正交试验设计结果，研究选择 7 号处理组合，进行退火温度的梯度测验。由图 3.7 可见，PCR 仪自动生成了 12 个温度梯度（46.0 ℃、46.3 ℃、46.9 ℃、47.7 ℃、48.8 ℃、50.3 ℃、52.0 ℃、53.4 ℃、54.5 ℃、55.3 ℃、55.8 ℃、56.0 ℃），退火温度较低时（46.0~47.7 ℃），杂带较多，背景太深；当退火温度过高时（54.5~56.0℃），增强了引物与模板的特异性结合，扩增的特异性升高，但条带数比较少。由于 ISSR 引物较长，可适当提高退火温度，以提高反应的稳定性和重复性。因此，在本研究的 ISSR–PCR 反应，引物 ISSR3 的退火温度在 51 ℃较合适。

姜静等（2003）认为 50~52℃的退火温度适用于所有不同序列的 ISSR 引物，但更多研究者（Huang et al.，2000；汪岚等，2004）认为，对不同的引物设定不同的退火温度能得到更好的结果。本研究利用其他引物进行梯度 PCR 扩增，也发现不同引物具有不同的最佳退火温度。筛选出的 12 个引物及其各自较适宜的退火温度见表 3.7。

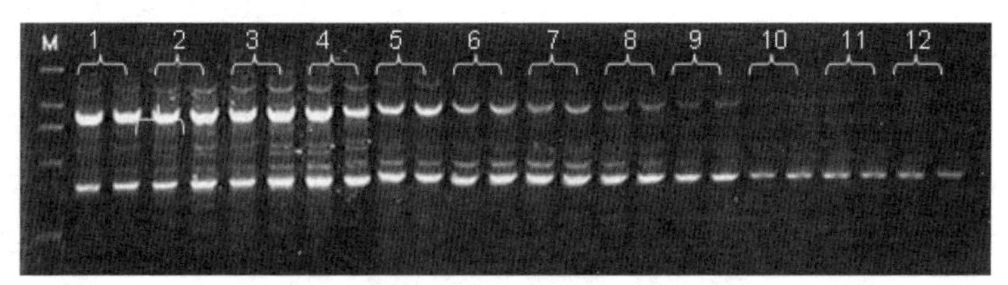

图 3.7　退火温度对 ISSR 反应的影响

1-12 对应的退火温度依次是 46.0 ℃、46.3 ℃、46.9 ℃、47.7 ℃、48.8 ℃、50.3 ℃、52.0 ℃、53.4 ℃、54.5 ℃、55.3 ℃、55.8 ℃、56.0 ℃

表 3.7　ISSR-PCR 引物序列及其退火温度

引物	引物序列 (5'- 3')	退火温度（℃ ）
Z1	ACACACACACACACACCG	50
AW986	CACACACACACACACAAG	58
AW988	ACACACACACACACACSG	56
AW566	ACACACACACACACACGA	53
AW567	ACACACACACACACACGG	56
AW563	GAGAGAGAGAGAGAGAA	52
ISSR3	GAGAGAGAGAGAGAGAC	51
K22	CACACACACACACACAGT	51
ISSR17	GACAGACAGACAGACA	50
ISSR25	ACACACACACACACACCA	51
UBC815	CTCTCTCTCTCTCTCTG	49
UBC857	ACACACACACACACACYG	53

2.3 银杏雄株 ISSR 标记的引物筛选

本试验筛选出的 12 个 ISSR 引物，其序列大小在 16-18 bp 之间，12 个引物对 86 个银杏雄株材料进行扩增，共得到 94 条 DNA 条带，片段大小在 200~2000 bp 之间，其中有 56 条多态性条带，平均每个引物扩增条带为 7.83 条，多态性条带为 4.67 条，多态性平均比率为 59.57 %。由表 3.8 可以看出，不同的引物序列对扩增结果会产生不同影响，其中含重复序列（AC）的引物扩增效果较好。12 个引物的扩增结果见附录 1，其中引物 AW567、ISSR3 及 Z1 扩增的 ISSR 产物图谱见图 3.8。

表 3.8 ISSR-PCR 引物序列及其扩增多态性分析

引物	引物序列 (5' - 3')	扩增总条带数	多样性条带数	多态性比率 (%)
Z1	ACACACACACACACACCG	9	8	88.89
AW986	CACACACACACACACAAG	11	7	63.64
AW988	ACACACACACACACACSG	8	4	50.00
AW566	ACACACACACACACACGA	11	6	54.55
AW567	ACACACACACACACACGG	7	4	57.14
AW563	GAGAGAGAGAGAGAGAA	8	4	50.00
ISSR3	GAGAGAGAGAGAGAGAC	5	3	60.00
K22	CACACACACACACACAGT	7	4	57.14
ISSR17	GACAGACAGACAGACA	7	4	57.14
ISSR25	ACACACACACACACACCA	6	3	50.00
UBC815	CTCTCTCTCTCTCTCTG	8	5	62.50
UBC857	ACACACACACACACACYG	7	4	57.14
合计		94	56	59.57
平均		7.3	4.67	59.57

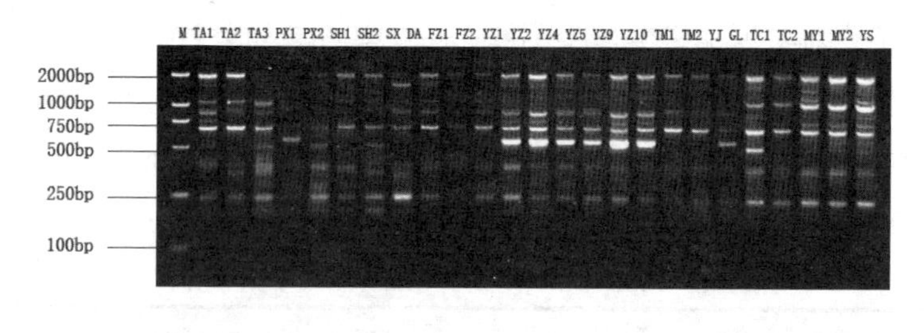

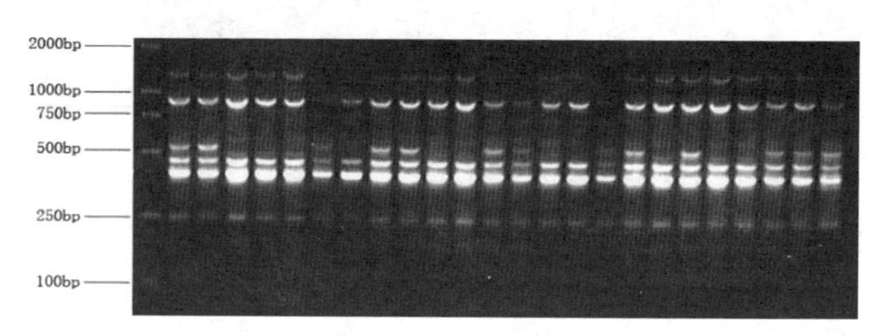

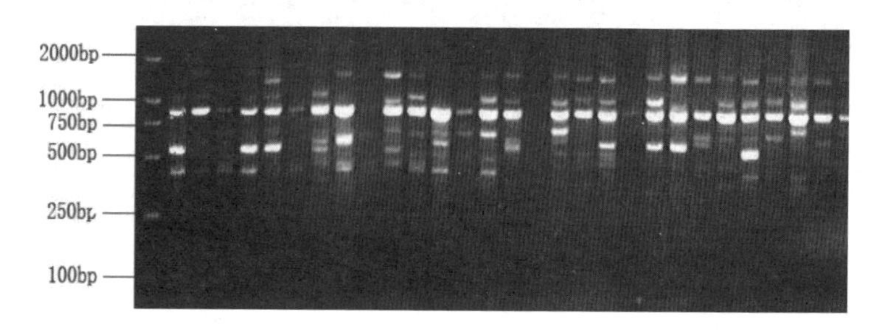

图 3.8　引物 AW567、ISSR3 及 Z1 扩增的部分银杏雄株 ISSR 电泳图

2.4 银杏雄株 ISSR 标记的聚类分析

将 ISSR 统计结果输入软件 NTSYS-pc2.01，计算出评价单株间亲缘关系的良好指标 Nei's 遗传距离。由计算结果可知，研究的 86 个银杏雄株个体间的 Nei's 距离在 0.0443~0.9667 之间。根据 Nei's 遗传距离数据矩阵，利用最长距离法进行系统聚类分析，构建个体遗传关系聚类图，结果如图 3.9。

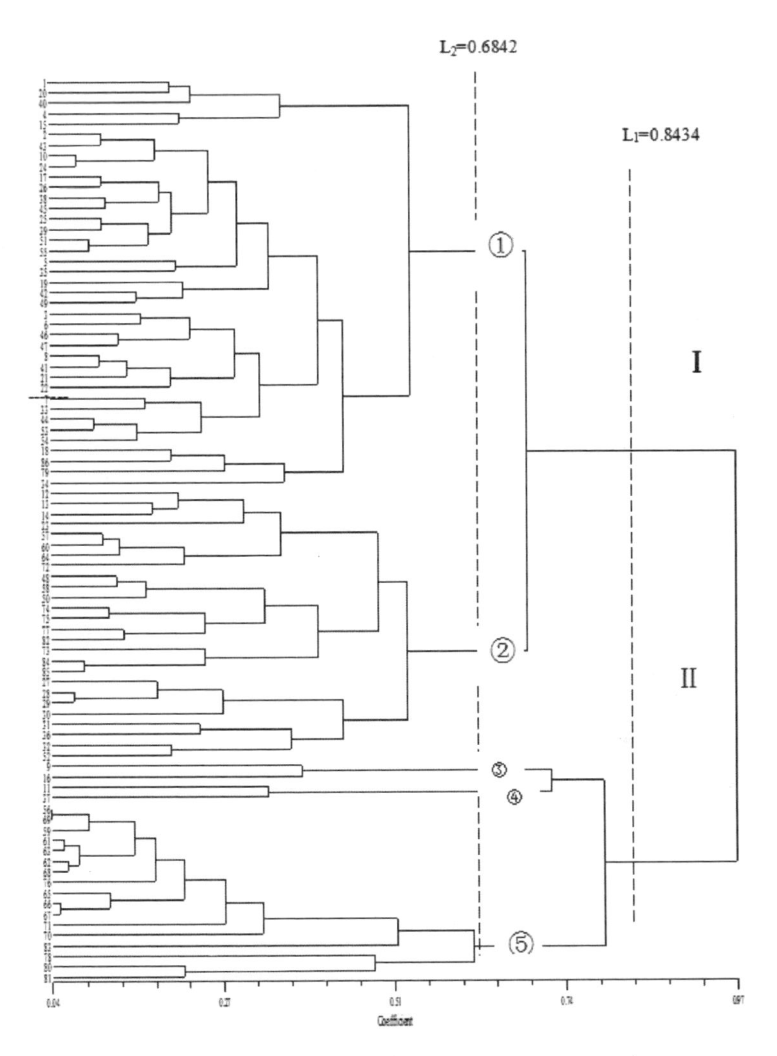

图 3.9 86 个供试银杏雄株间 Nei's 距离的聚类分析

从 Nei's 距离聚类图可以看出，取阈值为 0.8434 时，银杏雄株可分为Ⅰ、Ⅱ两类，其个体数分别为 65 和 21；取阈值为 0.6842 时，银杏雄株可分为 1、2、3、4、5 五类。综合两种阈值的分类结果，其1、2类可为隶属于Ⅰ类的亚类，包括39个和26个雄株；其3、4、5类可为隶属于Ⅱ类的亚类，分别包括2个、2个和17个雄株。第1亚类39个雄性株系中，大部分来自扬州地区，只有两个株系来自徐州，第2亚类的26株雄性系中，来自扬州的15个株系，来自泰州8个株系，来自徐州3个株系。第3、4两个亚类的4个雄性株系全部来自扬州市区，第5亚类的17个株系，来自泰州的13个株系，来自徐州4个株系。银杏雄株在遗传性方面，由本试验可知既具有保守性，亦有丰富的多样性。同一地区的银杏雄株具有一定的栽培历史，形成了一定的雄株种质资源的集中分布，表现出其亲缘关系与地理位置密切相关。同时，尽管同一地区的银杏雄株具有相同的环境条件，但由于雄株栽植的来源各有差异，加之银杏栽植区域间的交流逐渐增多，银杏雄株的遗传结构及遗传背景也会发生相应的变化，同一地区的雄株在聚类分析时的分布也不同。

2.5 银杏雄株遗传多样性的比较分析

将各银杏雄株的ISSR实验数据输入软件POPGENE32中，分析各多态位点的有效等位基因数（Ne）、基因多样度（H）和Shannon's信息指数（I）（见表3.9），表明各位点上的遗传多样性程度差别较大，各位点的有效等位基因数值大于Shannon's信息指数，信息指数Shannon's均大于基因多样度值。实验雄株的有效等位基因数（Ne）为1.1066−1.9999，平均1.7149；基因多样度（H）值为0.0648−0.5000，平均0.3966；Shannon's信息指数（I）值为0.1468−0. 6931，平均0. 5771。在相应位点上，3个遗传指标的变化趋势一致，Ne>I>H。

表 3.9 银杏雄株各多态位点的遗传多样性分析

位点	观测等位基因数	有效等位基因数	Nei's 基因多样性	Shannon's 信息指数	位点	观测等位基因数	有效等位基因数	Nei's 基因多样性	Shannon's 信息指数
z1−1500	2.0000	1.9569	0.4890	0.6821	ISSR3−450	2.0000	1.9999	0.5000	0.6931
z1−1000	2.0000	1.5476	0.3538	0.5389	AW988−900	2.0000	1.9994	0.4999	0.6930
z1−900	2.0000	1.9985	0.4996	0.6928	AW988−800	2.0000	1.1868	0.1574	0.2935
z1−800	2.0000	1.7720	0.4357	0.6273	AW988−600	2.0000	1.2597	0.2062	0.3603
z1−700	2.0000	1.7165	0.4174	0.6081	AW988−500	2.0000	1.1194	0.1067	0.2173
z1−650	2.0000	1.4571	0.3137	0.4931	k22−1500	2.0000	1.7960	0.4432	0.6352
z1−550	2.0000	1.9853	0.4963	0.6894	k22−1000	2.0000	1.8876	0.4702	0.6631
z1−450	2.0000	1.3061	0.2344	0.3968	k22−800	2.0000	1.9112	0.4768	0.6697
U815−1400	2.0000	1.9841	0.4960	0.6891	k22−600	2.0000	1.7158	0.4172	0.6079
U815−1200	2.0000	1.5109	0.3382	0.5212	U857−1000	2.0000	1.6690	0.4009	0.5904
U815−1000	2.0000	1.9569	0.4890	0.6821	U857−750	2.0000	1.8301	0.4536	0.6460
U815−750	2.0000	1.8752	0.4667	0.6595	U857−500	2.0000	1.9112	0.4768	0.6697
U815−400	2.0000	1.5476	0.4872	0.5689	U857−400	2.0000	1.1592	0.1374	0.2643
AW566−1500	2.0000	1.0693	0.0648	0.1468	AW563−1200	2.0000	1.9985	0.4996	0.6928
AW566−1000	2.0000	1.5109	0.3382	0.5212	AW563−900	2.0000	1.8301	0.4536	0.6460
AW566−750	2.0000	1.9331	0.4827	0.6757	AW 563−750	2.0000	1.9922	0.4981	0.6912
AW566−500	2.0000	1.9057	0.4752	0.6682	AW 563−500	2.0000	1.7901	0.2374	0.6079
AW566−450	2.0000	1.9853	0.4963	0.6928	ISSR17−1000	2.0000	1.9853	0.4963	0.6894
AW566−300	2.0000	1.6035	0.3314	0.4603	ISSR17−800	2.0000	1.9112	0.4768	0.6697
AW567−1500	2.0000	1.1066	0.0963	0.2007	ISSR17−600	2.0000	1.9492	0.4870	0.6801
AW567−1000	2.0000	1.6035	0.3764	0.5638	ISSR17−450	2.0000	1.4749	0.3382	0.5948
AW567−750	2.0000	1.7901	0.4414	0.6333	AW986−1500	2.0000	1.8301	0.4536	0.6460
AW567-500	2.0000	1.9969	0.4992	0.6924	AW986-1300	2.0000	1.4957	0.3314	0.5135
ISSR25-1000	2.0000	1.9492	0.4870	0.6801	AW986-1000	2.0000	1.3858	0.3234	0.4585
ISSR25-750	2.0000	1.4749	0.3220	0.5027	AW986-900	2.0000	1.7597	0.4653	0.5764
ISSR25-500	2.0000	1.5599	0.3589	0.5445	AW986-750	2.0000	1.8426	0.3482	0.6653
ISSR3-800	2.0000	1.4957	0.3314	0.5135	AW986-600	2.0000	1.7642	0.4554	0.5826
ISSR3-550	2.0000	1.9841	0.4960	0.6891	AW986-450	2.0000	1.9953	0.4832	0.5635
平均值 Mean	2.0000	1.7149	0.3966	0.5771					
标准差 St. Dev	0.0000	0.2899	0.1246	0.1491					

2.6 银杏雄株群体遗传多样性的比较分析

按地区分布将86个银杏雄株分为三个群体：扬州株系(1—55)、泰州株系(56—76)，徐州株系(77—86)，这三个群体的遗传多样性分析（表3.10）。结果表明，三个群体的多态位点百分数（P）分别为59.57%、47.91%、51.81%，观测等位基因数（Na）分别为2.0000、1.8043、1.8696，平均有效等位基因数（Ne）分别为1.7199、1.5520、1.5916，平均基因多样度（H）分别为0.3964、0.3066、0.3380，平均Shannon's信息指数（I）分别为0.5760、0.4473、0.4964。在这五个评价基因变异的参数中，大小顺序完全一致，均为扬州株系 > 徐州株系 > 泰州株系，说明扬州株系群体遗传多样性水平最高，群体内遗传变异较大。其主要原因可能是扬州作为江苏银杏的主产区，栽培历史悠久，1985年就将银杏列为市树，古银杏雄株也较多，特别是近几年，政府与科研单位合作加强，加大了古银杏保护和开发力度，加大了新品种（系）的引进，扩大了银杏的栽培范围，这都对丰富银杏种质资源起到了重要的推动作用。

表3.10　银杏雄株群体内的遗传多样性分析

种　群	样本数	多态位点百分数	观测等位基因数	有效等位基因数	Nei's基因多样性	Shannon's信息指数
扬州株系(1–55)	55	59.57	2.0000	1.7199	0.3964	0.5760
标准差			0.0000	0.3015	0.1310	0.1563
泰州株系(56–76)	21	47.91	1.8043	1.5520	0.3066	0.4473
标准差 St. Dev			0.4011	0.3952	0.1997	0.2742
徐州株系(77–86)	10	51.81	1.8696	1.5916	0.3380	0.4964
标准差			0.3405	0.3337	0.1669	0.2284
群体水平			53.10	1.6213	0.3470	0.5066
标准差				0.3435	0.1659	0.2184
物种水平			59.57	1.7149	0.3966	0.5771
标准差				0.2899	0.1246	0.1491

2.7 银杏雄株群体间的遗传分化分析及聚类分析

根据软件 POPGENE32 分析可知，本研究的 86 个银杏雄株群体总的遗传变异值（Ht）为 0.3876，各群体内遗传变异值（Hs）为 0.3470，而不同群体间的遗传分化系数（Gst）为 0.1048，表明总的遗传变异中有 10.48% 的变异存在于群体间，群体内的遗传变异为 89.52%，基因流（Nm）为 4.2710（表 3.11）。

表 3.11　银杏雄株群体间的遗传分化分析

	群体总遗传变异	群体内的遗传变异	基因分化系数	基因流
平均值	0.3876	0.3470	0.1048	4.2710
标准差	0.0155	0.0152		

为了分析这三个群体间的遗传分化程度，试验计算了银杏群体间的遗传一致度（I）和遗传距离（D），见表 3.12。并根据 I 值，应用 UPGMA 法构建群体的聚类图见（图 3.10）。结果表明，扬州株系的群体与泰州株系的群体首先聚在一起，然后再与徐州株系的群体聚在一起，说明扬州株系与泰州株系的基因的重合性较强，遗传一致度较大，扬州和泰州本来是属于一个地级市，加上地理距离也比较近，可能种质资源的交流比较多。

表 3.12　银杏雄株种群间 Nei（1972）的遗传一致度（右上角）和遗传距离（左下角）

pop ID	扬州株系	泰州株系	徐州株系
扬州株系		0.9266	0.9264
泰州株系	0.0763		0.1364
徐州株系	0.0764	0.8725	

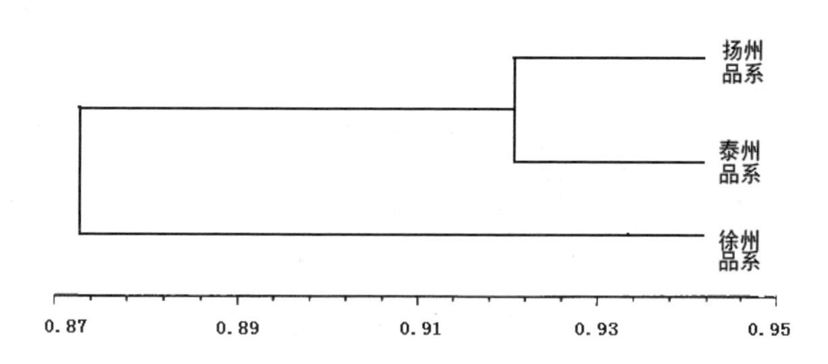

图 3.10 三个群体间 Nei's 遗传一致度的 UPGMA 聚类图

3. 讨论

3.1 ISSR-PCR 反应条件对研究结果的影响

ISSR 分子标记技术基于 PCR 反应，其扩增条带较 RAPD 标记稳定，与 RFLP、AFLP 相比，ISSR 更快捷、成本较低、DNA 用量小、安全性较高（Debnath，2008），但同样受到反应条件和扩增程序等条件的影响。本研究表明，不同的体系组合以及不同的退火温度对银杏雄株的 ISSR-PCR 扩增结果影响很大。

Taq 酶的使用量是影响实验的重要因素。多数研究认为，Taq 酶用量为 0.5~2.5 U（刘慧春，2005；沈永宝，2005；Jian，2005；毕泉鑫等，2010），在本研究的扩增体系中以 1 U 为最佳用量，这与金凤（2006）和周俐宏（2009）月季种质资源多样性研究以及赵杨（2006）在胡枝子属分类研究时建立的ISSR—PCR反应体系用量一致，比覃子海（2007）在桉树方面建立的Taq酶浓度（1.25 U）低。dNTP作为PCR反应的原料，在本研究所设的4个浓度水平下，最适浓度为0.20 mmol·L^{-1}。Mg^{2+}浓度对PCR扩增的特异性和产量有显著的影响，Mg^{2+}浓度过高，反应特异性降低，出现非特异性扩增，浓度过低则会降低Taq酶的活性，反应产物减少，本实验的最适浓度为2.5 mmol·L^{-1}。引物是获得PCR特异性反应的关键（周俐宏 等，2009），引物浓度偏高会引起错配和非特异性扩增，且会增加引物之间形成二聚体的机会。本试验综合比较认为0.4 μmol·L^{-1}比较适合本反应体系。引物的退火温度也极大地影响着ISSR反应的进行（余艳等，2003）。由于引物碱基序列不同使得引物的退火温度也不尽相同，即使同一引物，在不同的植物样品中其退火温度也不一样。

本试验采用正交试验设计，同时研究几个不同因素不同水平的差异，这样可以更有效地分析各因素间的相互作用。何正文等（1998）较早提出用正交设计优化PCR反应，但仅根据经验和直观表现对PCR结果进行判断分析，没有深入的分析探讨各因素不同水平对反应结果影响的内在规律性，也没有科学地估算出试验误差（何桥等2005）。本研究借助统计软件SPSS，将正交试验设计与方差分析、多重比较相结合，其规律变化简单清晰，分析结果相对也更具系统性和科学性，且操作简便，可重复性好，但处理水平的设置相对有限，这在以后的研究中可以进一步扩大水平比较。

3.2 银杏雄株 ISSR 标记的聚类分析

本研究中，86 个银杏雄株个体间的 Nei's 距离在 0.0443~0.9667 之间，供试材料之间的遗传多样性较大，亲缘关系复杂。根据 Nei' s 遗传距离数据矩阵，利用最长距离法进行系统聚类分析，构建个体遗传关系聚类图。聚类结果表明，相邻或相近地区遗传距离较近，说明其亲缘关系与地理位置有一定的相关性，可能是因为种质资源或气候因子相近等原因造成的。王利（2006）的研究认为山东的大多数银杏雄株聚在一类，分析原因是存在区域内相互引种，区内的资源发生了趋同变异，致使区域内各种质之间的相似性增加。葛永奇等（2003）利用 ISSR 技术对江苏泰兴、美国纽约的栽培银杏群体和中国 3 个可能为野生的银杏自然群体（浙江西天目山、贵州务川、湖北大洪山区）的遗传多样性水平和群体遗传结构进行了研究，认为 3 个自然群体间出现了一定程度的遗传分化，是由于人为选择和基因流障碍引起的。但是，本研究结果显示，有些地理相距较远的部分材料也聚为一类，这表明亲缘关系与地理位置存在一定关系，但又不完全相关，推测可能是引种、环境变化的适应性以及进化潜力等方面的影响。

本研究根据 Nei's 遗传距离数据矩阵，利用最长距离法进行系统聚类分析，取阈值为 0.8234 时，银杏雄株可分为两类；取阈值为 0.6342 时，银杏雄株可分为 1、2、3、4、5 五类，分类结果与孢粉学分类结果并不完全一致，推断可能是由于孢粉学分析所采用的标准和指标尚未统一，分析结果易受主观因素的影响。ISSR 分析的结果相对客观一些。刘青林等（1999）用分子标记技术评价梅花亲缘关系时与孢粉学研究结果基本一致。进一步扩大银杏雄株的取样范围，并结合孢粉学、RAPD、

AFLP等技术综合比较分析，才能更加科学地评定银杏雄株种质资源的多样性。

3.3 银杏雄株种质资源的遗传多样性分析

莫昭展等（2007）利用RAPD技术研究40个银杏种质资源多样性时，平均有效等位基因数目（Ne）、基因多样度（H）、Shannon's信息指数（I）分别为1.6440、0.3752、0.5562，多态位点百分率是42%；曹福亮等（2005）对江苏邳州古银杏种质资源圃的44个栽培品种的ISSR分析结果显示，该栽培群体的平均有效等位基因数（Ne）、基因多样度（H）、Shannon's信息指数（I）分别为1.7307、0.4101、0.5963，多态位点百分率为17.2%。本研究选用的12个引物对86个银杏雄株基因组DNA进行扩增，共扩增出94条DNA条带，其中多态性DNA条带56条，占59.57%。56条多态位点的平均有效等位基因数目（Ne）为1.7149，平均基因多样度（H）为0.3966，平均Shannon's信息指数（I）为0. 5771。上述指标比较表明，银杏雄株的遗传多样性比雌株高，也可能是研究材料来源以及选用的标记方法不同，所得到的遗传多样性参数有所不同。李晓东等（2003）采用RAPD方法对孑遗植物水杉进行了遗传多样性分析，试材为8个居群的48个个体，研究共扩增出清晰谱带57条，平均多态位点百分率为38.6 %，平均Nei's基因多样性、Shannon's信息指数分别为0.130、0.1921；哀建国等（2005）用ISSR技术对40株百山祖冷杉进行了种质的多样性分析，扩增的91条清晰条带中，有39条为多态性条带，多态位点比率达42.86 %。从这几个指标来看，银杏雄株的遗传多样性要远远高于水杉和百山祖冷杉。分析原因可能主要是由于本研究的86个雄株株系来自不同的地域，其中又以古银杏居多，长期的地理间隔、自然和人工选择，产生较多的种内变异。

3.4 三个银杏雄株群体的遗传分化分析

本研究显示，Nei's 遗传多样性分析揭示的银杏雄株群体总的遗传变异值（Ht）为 0.3876，各群体内遗传变异值（Hs）为 0.3470，不同群体间遗传分化系数（Gst）为 0.1048，表明总的遗传变异中有 10.48% 的变异存在于群体间，群体内的遗传变异为 89.52%，银杏雄株地区群体内的遗传变异远高于群体间。从基因流水平来看，本研究估测的三个群体的基因流（Nm）为 4.2710，且群体间的遗传一致度也较高，说明群体间存在着较广泛的基因交流。推测主要是因为银杏雌雄异株，花粉依靠风力传播，且散布距离远，强大的基因流促进群体间的基因交换。因此，群体间一般维持较低水平的遗传分化。

附录：12个引物的扩增结果图

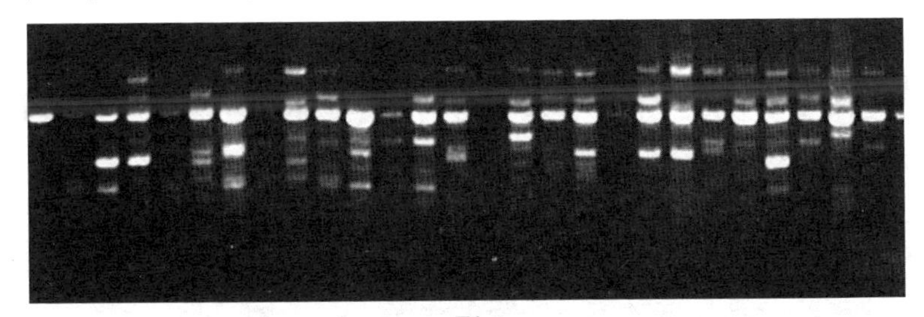

Z1

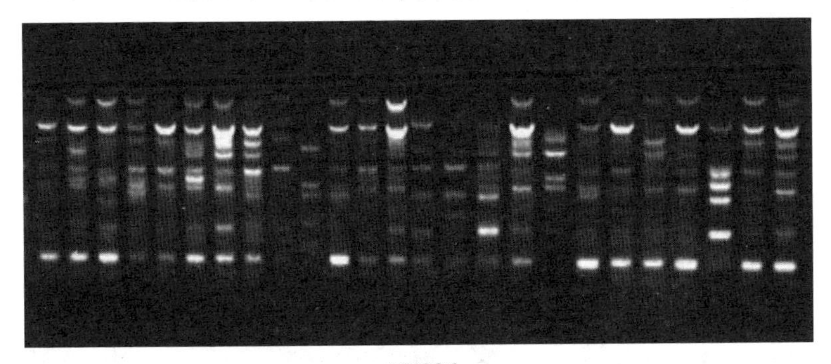

AW986

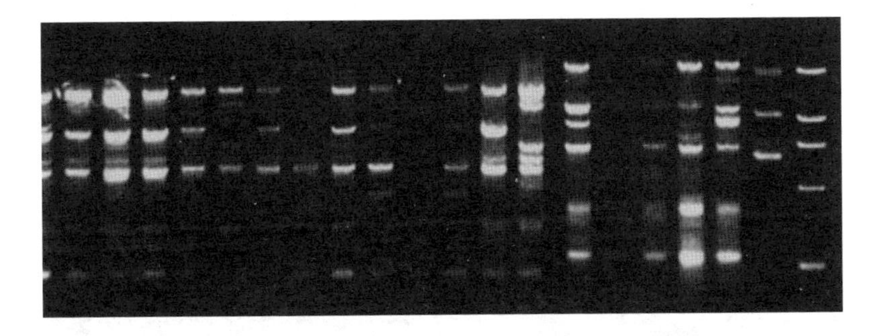

AW988

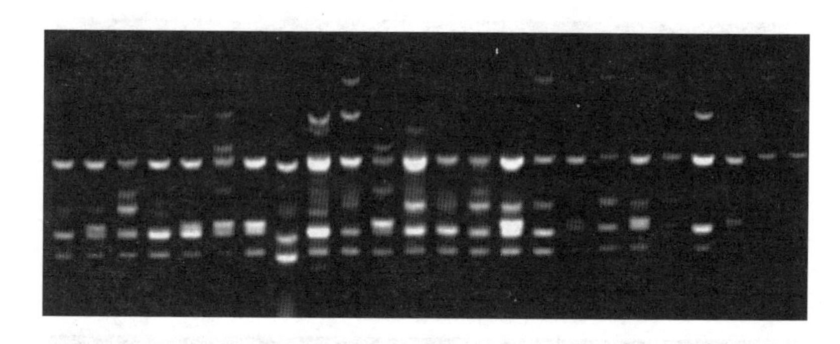

AW566

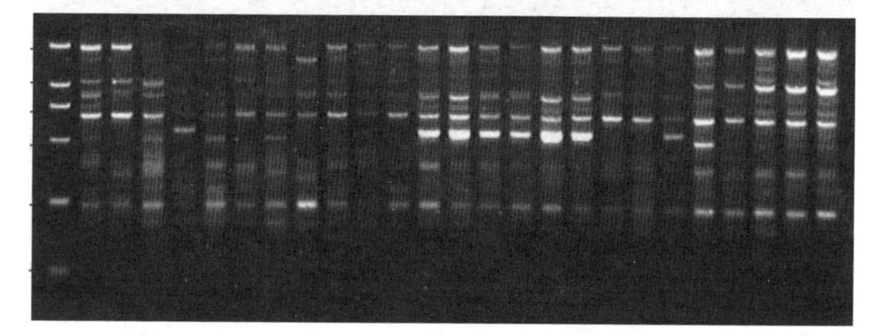

AW567

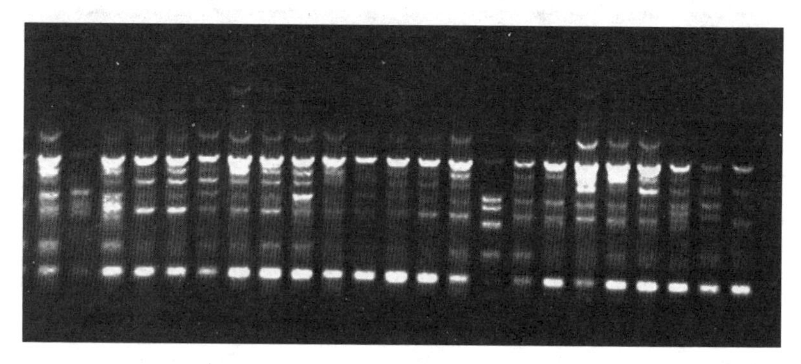

AW563

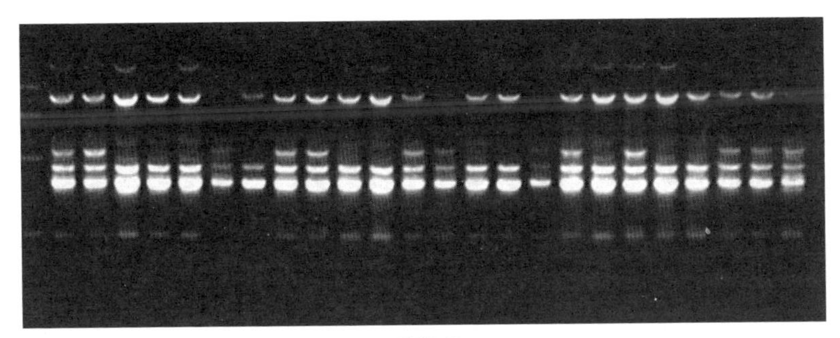

ISSR3

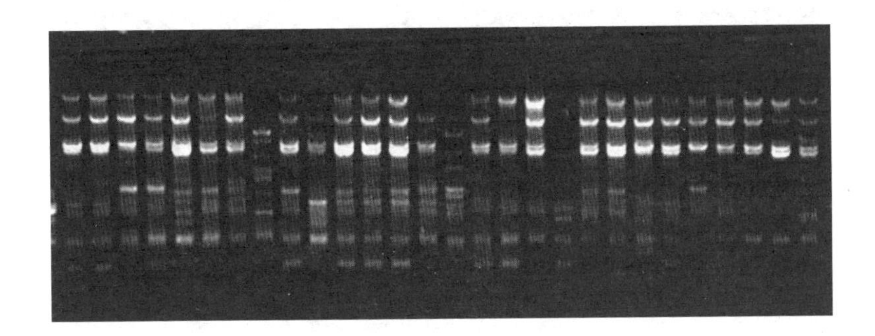

K22

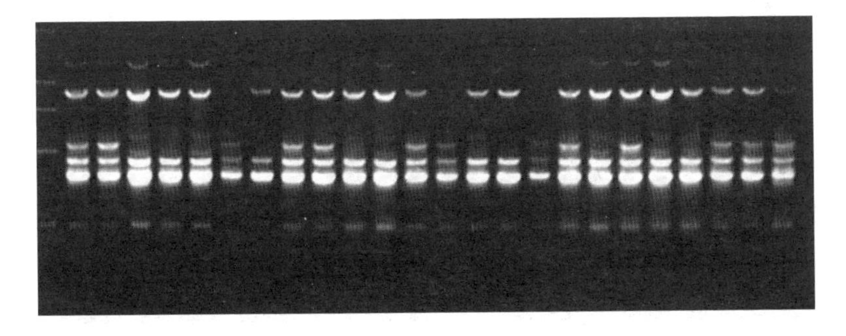

ISSR7

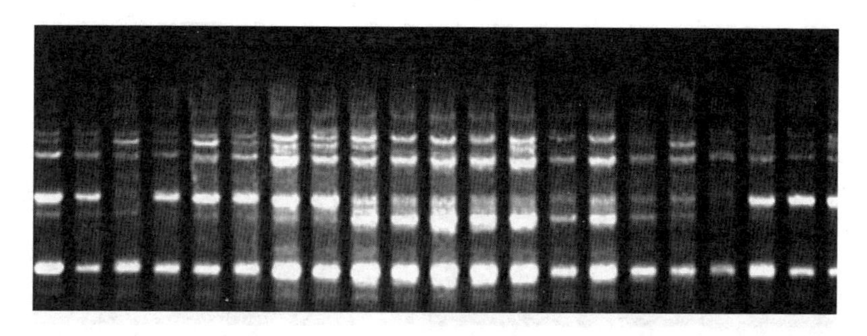

ISSR25

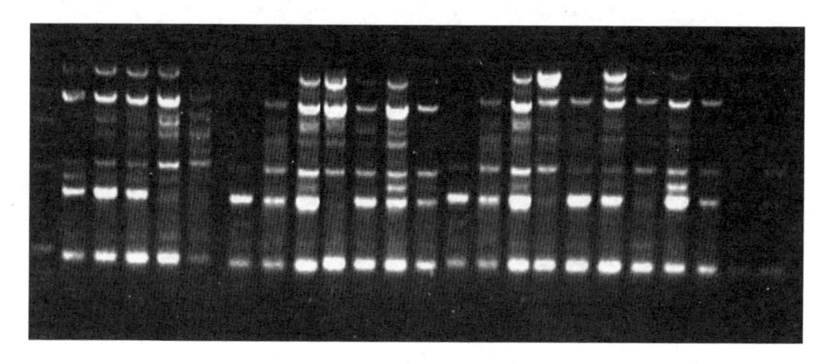

UBC815

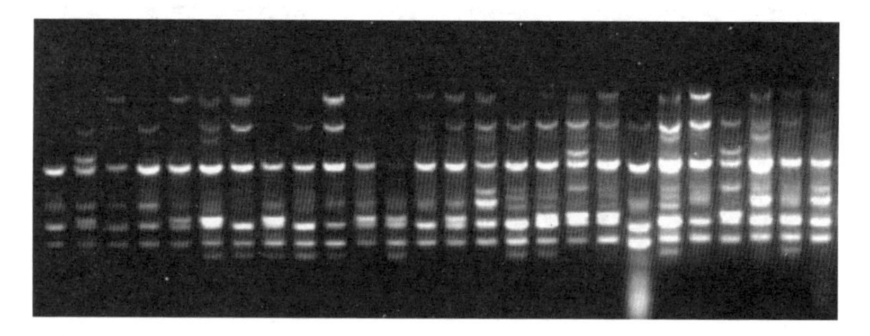

UBC857

第四章　银杏雄株叶片黄酮类化合物含量的分析

本章研究江苏省 86 个银杏实生雄株（系）叶片类黄酮化合物主要成分及其含量，为合理开发利用银杏雄株种质资源提供理论依据。利用正交试验设计筛选银杏雄株叶片黄酮苷元提取的最佳条件，运用 HPLC 技术分析不同株系叶片主要黄酮苷元的含量，并采用三因子法计算总黄酮苷含量。研究结果表明，提取银杏雄株叶片黄酮类化合物的最佳提取组合为：料液比 1∶15，乙醇浓度 70%，超声提取时间为 40 min，提取温度 80 ℃，提取两次。RP-HPLC 检测分析结果表明，供试银杏雄株间的各黄酮苷元含量和总黄酮苷元含量存在显著差异，叶片的槲皮素、山奈黄素和异鼠李素三种黄酮苷元的平均含量分别为 2.381 mg×g^{-1}DW、2.155 mg×g^{-1}DW 和 1.852 mg× g^{-1}DW，三者的差异不明显，其总黄酮的含量为 15.99 mg× g^{-1}DW。银杏雄株叶片的总黄酮含量与叶片厚度、比叶重（SLW）呈极显著正相关，其叶片厚度、SLW 可作为评价银杏叶片中黄酮类化合物含量水平的重要指标。通过设定黄酮苷元和总黄酮含量的选择阈值，发现扬州有 5 个株系（04、05、12、39、49）、泰州有 4 个株系（59、66、68、74）、徐州有两个株系（80、85）符合叶用标准，可以得到优良的叶用单株供生产利用，研究结果为银杏雄株叶片功能性成分的开发利用提供了重要的理论依据与技术支撑。

银杏叶片富含重要的天然药用成分类黄酮化合物（Ginkgolic Flavone Glycosides；GF），这类化合物主要以黄酮苷的形式存在，其主要苷元包括槲皮素（Quercetin）、异鼠李素（Isorhamnetin）和山奈黄素（又名山奈酚，kaempferol）等（Hasler & Sticher 1990，1992；Beeka & Montorob，2009）。类黄酮化合物在抗氧化、清除自由基、抗肿瘤（Takeshi et al.，2002；Brown et al.，2005；Ramos et al.，2005；Petra et al.，2005；魏金文等，2007；Jin et al.，2007；Mahadevan & Park，2008；Seufi et al.，2009；Cheng et al.，2010）、预防心血管疾病、治疗免疫缺陷（Tian et al.，2003；Villasenor G et al.，2004；Smith & Luo，2004；Moon et al.，2006；Esmaillzadeh et al.，2008；Baliutyte et al.，2010；Bernatoniene et al.，2011）等保护人类健康方面都起着重要的作用。特别是近期有研究表明，银杏类黄酮对增强男、女性功能也有明显的作用（Meston et al.，2008；Zuo et al.，2010）。利用银杏叶片中的类黄酮成分开发新药和保健品，具有广阔的市场前景（鲁鑫焱等，2006；Schneider，2008；Zhang et al.，2009）。而实际生产中，用于提取类黄酮的叶片一般都采自实生苗，很少有无性系，因此叶片类黄酮含量差异较大（Tang et al.，2010）。

20 世纪 30 年代以来，国内外许多学者开展了银杏叶片黄酮类化合物的研究工作，涉及成分提取（张小清等，2005；Ding et al.，2008）和栽培模式、生长条件（程水源等，2001；鞠建明等，2003；谢宝东等，2006；Kim & Kim，2010）、外源激素（程水源等，2004）等方面对类黄酮含量的影响，并取得了较好的进展。但上述研究的取材大多是一般的银杏树种（株系），而且研究内容大多仅限于叶片类黄酮总量，很少将三种黄酮苷元的含量结合起来研究。王英强等（2001）的研究认为银杏雄株的叶片总黄酮均高于雌株，邢世岩等（2004）也认为银杏雄株叶内黄酮的遗传力、遗传变异系数都大于雌株。雄株内有黄酮含量最高的无性系，而雌株内有内酯含量最高的无性系（平濑作五郎，1896）。陈学森等（1997a）的研究认为叶面积大、黄酮及银杏内酯含量高的品种主要来自江苏省和山东省。

本研究选取江苏省扬州、泰州及徐州共86个银杏实生雄株（系）为试材，利用正交试验设计筛选银杏雄株叶片黄酮苷元提取的最佳条件，运用HPLC技术分析测定叶片黄酮化合物主要成分及含量，选择银杏叶片优良雄株（系），以期为合理开发利用银杏雄株种质资源提供重要的理论依据。

1 材料与方法

1.1 试验材料

供试材料同上（见表2.1）。

2007年—2008年，分别于7月15日、8月15日、9月15日对供试雄株每株采集200张叶片，采集部位为树冠外围一年生短枝基部上的3~4片叶。银杏叶片采摘后去除叶柄，用清水洗净、沥干，放入烘箱，参照程水源等（2001，2004）的方法，杀酶、烘干、粉碎、过筛，低温、干燥器密闭保存。

1.2 仪器与试剂

1.2.1 仪器

微型植物粉碎机（9101型）：北京市检测仪器公司；

超声波清洗器（KQ-500B）：昆山市超声仪器有限公司；

恒温箱（NC-303）：南京市长江电器有限公司；

旋转蒸发仪（RE-5299）：上海亚荣生化仪器有限公司；

水浴锅（SHA-C）：国华仪器有限公司；

多用循环水真空泵：上海亚荣生化仪器有限公司；

高效液相色谱仪（LC-10AT）：日本岛津公司；

紫外检测器（SPD-10A）：日本岛津公司；

电热恒温鼓风干燥箱（DGG-9240A 型）：上海森信实验仪器有限公司；

高速冷冻离心机（GL-21M）：长沙平凡仪器仪表有限公司；

石英亚沸高纯水整流器（SYZ-A）：江苏省金坛市荣华仪器制造有限公司。

1.2.2 试剂

药品：槲皮素、异鼠李素、山奈黄素标准品，购自上海同田生物有限公司。

试剂：乙醇、石油醚、正己烷、磷酸等试剂均为分析纯，ADS-17 大孔树脂，HPLC 用甲醇为色谱纯，HPLC 用水为超纯水，其他用水为双蒸水。

1.3 黄酮类化合物的提取

1.3.1 提取体系的优化和建立

参考陈红斗等（2007）的研究，结合实际，本实验选用正交设计优化提取体系，分别以水和乙醇为提取溶剂，选取料液比、提取时间、提取温度和乙醇的浓度、料液比、提取时间、提取温度等影响银杏叶片总黄酮含量的主要因素，每个因素取 3 个水平，确立因素水平表（见表 4.1 和表 4.2）。

表 4.1　水溶液提取银杏雄株叶片黄酮类化合物的正交试验处理设计

试验号	料液比（w/v）	提取时间（min）	提取温度（℃）
1	10	40	60
2	10	60	70
3	10	80	80
4	15	60	80
5	15	80	60
6	15	40	70
7	20	40	80
8	20	40	80
9	20	60	60

表 4.2　乙醇溶液提取银杏雄株叶片黄酮类化合物的正交试验处理设计

试验号	A 料液比（w/v）	乙醇浓度（%）	提取时间（min）	提取温度（℃）
1	10	60	40	60
2	10	60	70	60
3	10	80	80	80
4	15	60	60	80
5	15	70	80	60
6	15	80	40	70
7	20	60	80	70
8	20	70	40	80
9	20	80	60	60

1.3.2 黄酮类化合物的提取

取备用的混合银杏叶粉 2 g，以不同浓度乙醇溶液及水为提取溶剂，平行操作条件下，超声提取两次，合并提取液，过滤，用石油醚萃取 3 次，去除叶绿素等脂类物质，用正己烷萃取 3 次，去除银杏酚酸类物质，减压抽滤，得银杏叶粗提物 1（GBE1）。GBE1 用 60% 乙醇溶解，用石油醚 1∶4 萃取 3 次，石油醚相中为叶绿素等脂类物质，弃去石油醚相，剩余乙醇相再用正己烷 1∶1 萃取 3 次，正己烷相中为银杏酚酸类物质，弃去正己烷相，收集乙醇相，减压回收乙醇，获得去除酚酸类成分的粗提物 2（GBE2）。GBE2 加水沉淀，静置冰箱过夜，离心，收集上清液。上清液用 ADS-17 大孔树脂吸附，吸附完全后分别用双蒸水和 10% 乙醇冲洗树脂柱，去除粗提物中的多糖、蛋白质等杂质，再用 70% 乙醇溶液进行解吸，收集有机溶剂洗脱液，真空减压回收乙醇相，得到黄酮类化合物。

1.4 黄酮类化合物的 HPLC 检测

采用 RP-HPLC 法进行测定，色谱柱为 ODS-A C_{18}（1.5 mm × 460 mm, 5 μL）。色谱条件：柱温为 25 ℃；流动相为甲醇：0.3% 磷酸溶液（55∶45）；流速为 0.8 ml · min^{-1}；检测波长为 360 nm；进样量 5 μL，外标法定量。根据标准曲线的回归方程计算出样品中槲皮素、山奈黄素、异鼠李素三种黄酮苷元的含量。

标准曲线的绘制：精密称取槲皮素、山奈黄素和异鼠李素各 2 mg，分别加甲醇溶解，定容至 10 ml，得到 0.2 mg · ml 的对照品贮备液溶液，置于 −4 ℃冰箱冷藏室中备用。

线性关系的考察：取黄酮系列对照品溶液，依次用甲醇稀释成含槲皮素、山奈黄素、异鼠李素 0.01 mg · ml、0.05

mg·ml、0.06 mg·mL 的系列对照品溶液，进样 20 μl，按色谱条件进行测定，根据各黄酮苷元浓度（X）与峰面积（Y）获得线性方程，分别为：

槲皮素：　$Y=6E-09X-0.0006$，$R^2=0.9949$

山奈黄素：　$Y=9E-09X-0.0006$，$R^2=0.9942$

异鼠李素：　$Y=8E-09X+0.0027$，$R^2=0.9998$

黄酮类化合物含量计算：黄酮苷元的换算采用三因子法（Hasler & Sticher，1990）。将色谱图中槲皮素、山奈黄素、异鼠李素的峰面积分别代入回归方程，求得样品的三种苷元的浓度 C_1、C_2、C_3。银杏雄株中黄酮类化合物含量计算如下：

黄酮类化合物的含量 $S=S1+S2+S3$

$S=(C\times V/\mathrm{m}\times 1000)\times K\times 100\%$

$S1$——样品中槲皮素苷的含量（%）；

$S2$——样品中山奈黄素苷的含量（%）；

$S3$——样品中异鼠李素苷的含量（%）；

S——样品中黄酮类化合物的含量（%）；

V——为样品配制成溶液的体积（mL）；

m——样品质量（mg）；

K——槲皮素、山奈黄素、异鼠李素换算成槲皮素苷、山奈黄素苷、异鼠李素苷的系数，分别为 2.51、2.64、2.39（Upton，2003）。

1.5 雄株相关植物学性状的测定

冠形指数 = 树冠直径 / 树冠冠高。

树冠直径测量：卷尺分别测量每棵雄株树冠的东西长度、南北长度，两者取平均值为冠形直径，测三个重复，取平均值。

树冠冠高测量：树冠冠高 = 树高 − 主干高，测三个重复，取平均值。

叶面积测量：扫描仪扫描叶片测量单叶面积（苑克俊，2006），利用软件对图像处理来计算叶片积。每株扫描 30 张叶片，取平均值。

叶片厚度测量：游标卡尺测量，每株取 30 张叶片测量，取平均值，重复三次。

比叶干重（SLDW）的测定：SLDW= 单张烘干银杏叶片的重量 / 单位叶面积。

比叶鲜重（SLFW）的测定：SLFW= 单张新鲜银杏叶片的重量 / 单位叶面积。

2 结果与分析

2.1 黄酮类化合物提取最佳体系的筛选

2.1.1 水溶液黄酮类化合物的正交设计结果

由表 4.3 方差分析中的 F 测验可知，区组间提取效果均表现为极显著。9 个区组间（三次重复）实验条件差异对实验影响很大，A（固液比）水平之间 3>2>1，B（提取时间）水平之间 2>3>1，C（温度）水平之间 3>2>1，并且三因素间差异均极显著，说明所设条件对提取效果都有显著影响。

表 4.3　水溶液提取银杏雄株叶片黄酮类化合物的处理间方差分析

方差来源	平方和	自由度	均　方	*F* 值
区组	0.0002	2	0.0001	13.65**
A	0.0655	2	0.0328	4846.85
B	0.0454	2	0.0227	3359.09
C	0.2037	2	0.1018	15066.3
误差	0.0002	16	0.000006	
总变异	0.3149	26		

由表 4.4 的组合间多重比较可以看出，水溶液提取银杏雄株叶片黄酮类化合物的最佳提取组合是 $A_3B_3C_2$，即料液比 1∶15，超声提取时间为 60 min，提取温度 80 ℃，提取两次。

表 4.4 水溶液提取银杏雄株叶片黄酮类化合物组合间的多重比较

处理组合	叶片黄酮含量（%）	差异显著性 α=0.05	α=0.01
$A_3B_3C_2$	0.3968	a	A
$A_2B_1C_2$	0.3340	b	B
$A_2B_2C_3$	0.1963	c	C
$A_3B_1C_3$	0.1734	d	D
$A_1B_3C_3$	0.1036	e	E
$A_1B_1C_1$	0.0954	e	F
$A_1B_2C_2$	0.0780	g	G
$A_3B_2C_1$	0.0405	h	H
$A_2B_3C_1$	0.0351	i	I

2.1.2 乙醇溶液提取黄酮类化合物的正交设计结果

表 4.5 方差分析中的 F 测验表明，区组间提取效果均极显著。9 个区组间（三次重复）实验条件差异对实验影响很大。A 因素（固液比）水平间差异显著，说明在其所设料液比内，其提取效果有差异，且水平 1、2 相当，而水平 3 最优；B 因素（提取时间）水平间差异极显著，说明所设置的时间梯度内，其提取效果存在显著差异，且 1>3>2；C 因素（醇浓度）水平间差异也极显著，说明醇浓度对提取效果有显著影响，且 2>3>1；而 D 因素提取温度各水平差异存在极显著差异，说明提取温度不同，提取效果也有显著差异，且 3>1>2。

表 4.5 乙醇溶液提取银杏雄株叶片黄酮类化合物的处理间方差分析

差异来源	平方和	自由度	均方	*F* 值
区组	0.0102	2	0.0051	2.68**
A	55.8314	2	27.9157	14641.1**
B	15.2599	2	7.6299	4001.73**
C	58.2818	2	29.14092	15283.7**
D	28.2543	2	14.12711	7409.33**
误差	0.0305	16	0.0019	
总变异	157.6682	26		

由表 4.6 的组合间多重比较得出，最佳组合为 $A_2B_1C_2D_3$，即乙醇溶液提取银杏雄株叶片黄酮类化合物的最佳提取组合是：料液比 1∶15，乙醇浓度 70%，超声提取时间为 40 min，提取温度 80 ℃，提取两次。

表 4.6　乙醇溶液提取银杏雄株叶片黄酮类化合物组合间的多重比较

处理组合	叶片黄酮含量（%）	差异显著性 α=0.05	α=0.01
$A_2B_1C_2D_3$	2.3197	a	A
$A_3B_3C_2D_1$	2.2844	b	B
$A_2B_2C_3D_1$	2.1460	c	C
$A_2B_3C_1D_2$	1.5214	d	D
$A_1B_2C_2D$	1.4549	de	D
$A_1B_3C_3D_3$	1.4389	e	D
$A_1B_1C_1D_1$	0.7328	f	E
$A_3B_2C_1D_3$	0.5953	g	F
$A_3B_1C_3D_2$	0.3654	h	G

2.1.3 不同溶剂提取的结果比较

乙醇水、丙酮水或纯甲醇是银杏叶片黄酮类化合物溶剂浸提最常用的方法（Beek & Montorob，2009），结合本实验，比较乙醇溶液和水溶液提取银杏雄株叶片中黄酮类化合物的含量（见表 4.7），结果显示，两者差异达显著水平，乙醇溶液的提取率明显高于水溶液的提取率。

表 4.7　乙醇和水溶液提取银杏雄株叶片黄酮类化合物的 T 测验

提取溶剂	黄酮类化合物含量（%）	t 值	$t_{0.05}$	$t_{0.01}$
水溶液	0.396	34.22*	63.657	12.706
乙醇溶液	2.32			

2.2 银杏雄株叶片黄酮含量分析

2.2.1 不同采叶期黄酮类化合物的含量

于 2007~2008 年 4~10 月随机采集泰州株系的 5 棵银杏雄株的叶片，测定银杏雄株叶片中黄酮类化合物的含量，比较叶片采集期对叶片黄酮含量的影响。由图 4.1 可以看出，银杏雄株叶片黄酮类化合物从 4 月份至 8 月份呈持续增长的趋势，8 月份至 10 月份增长趋缓，最高含量为 1.88%。

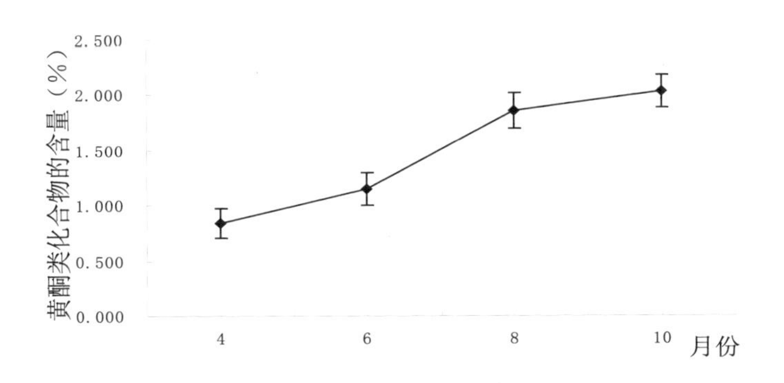

图 4.1 银杏雄株叶片不同时期黄酮类化合物含量的变化

2.2.2 不同株系叶片黄酮苷元含量的比较

不同银杏雄株叶片黄酮苷元的含量见表 4.8。就总体而言，银杏雄株叶片黄酮苷元含量的次序为：槲皮素＞山奈黄素＞异鼠李素。

表 4.8 银杏雄株叶片黄酮的含量

编号	槲皮素	山奈黄素	异鼠李素	总黄酮
扬州株系（n = 55）	2.241±0.121	2.113±0.528	1.804±0.443	15.382±3.460
1	3.295±0.121	2.133±0.242	1.868±0.126	18.364±0.643
2	3.530±0.144	1.710±0.122	3.427±0.277	21.566±0.618
3	1.175±0.096	0.308±0.086	1.516±0.104	7.387±0.333
4	3.013±0.178	2.608±0.072	2.451±0.084	20.307±0.426
5	3.248±0..042	2.388±0.267	2.812±0.360	21.176±1.107
6	3.029±0.225	2.650±0.320	1.787±0.054	18.285±0.433
7	2.370±0.147	2.332±0.092	1.480±0.192	15.642±0.565

编号	槲皮素	山奈黄素	异鼠李素	总黄酮
8	2.698±0.051	2.125±0.126	1.736±0.216	16.534±0.506
9	2.935±0..094	2.245±0.149	1.739±0.078	16.592±0.706
10	3.440±0.129	3.407±0.580	1.769±0.127	21.858±1.479
11	3.386±0.219	3.110±0.314	1.818±0.135	20.635±1.223
12	3.307±0234	2.390±0.263	2.406±0.189	20.360±0.494
13	1.302±0.082	1.316±0.103	0.999±0.114	9.131±0.252
14	1.663±0..090	1.596±0.058	1.585±0.165	12.173±0.155
15	1.663±0.131	2.298±0.211	1.292±0.481	13.327±0.928
16	1.152±0.074	1.639±0.070	1.896±0.246	12.654±0.579
17	2.876±0.202	1.834±0.086	2.128±0.127	17.170±0.784
18	2.756±0.186	1.988±0.033	2.209±0.036	17.444±0.441
19	1.410±0.083	2.857±0.283	1.656±0.067	15.039±0.750
20	1.244±0.042	2.022±0.073	1.415±0.067	11.842±0.105
21	1.212±0..049	1.553±0.135	1.241±0.025	10.109±0.330
22	1.466±0.119	1.969±0.149	1.918±0.125	13.465±0.303
23	3.449±0.223	2.514±0.325	1.8408±0.113	13.465±1.259
24	1.653±0.099	2.395±0.726	2.232±0.029	15.808±2.021
25	1.992±0.280	2.130±0.263	0.796±0.077	12.525±1.360
26	1.862±0.205	2.287±0.281	1.629±0.083	14.604±0.412
27	1.430±0.141	1.715±0.096	1.062±0.055	10.653±0.315
28	2.062±0.174	1.584±0.027	1.661±0.067	13.329±0.658
29	1.257±0.030	1.434±0.053	1.916±0.069	11.519±0.173
30	1.626±0.125	2.414±0.060	1.662±0.074	14.424±0.363
31	3.262±0.140	2.398±0.021	1.603±0.109	18.350±0.661
32	2.279±0.180	1.996±0.066	1.654±0.180	14.942±0.257
33	2.359±0.171	2.306±0.089	1.865±0.088	16.466±0.253
34	2.885±0.173	1.638±0.095	2.180±0.083	16.775±0.244
35	1.359±0.060	1.574±0.126	1.132±0.098	10.272±0.410
36	2.090±0.275	1.795±0.199	2.009±0.140	14.786±1.512

编号	槲皮素	山奈黄素	异鼠李素	总黄酮
37	2.062±0.208	1.663±0.205	1.348±0.107	12.788±0.435
38	2.484±0.285	1.417±0.108	1.856±0.056	14.411±0.857
39	3.332±0.104	3.014±0.212	1.878±0.173	20.808±0.985
40	2.537±0.094	1.951±0.061	1.597±0.110	15.334±0.617
41	2.102±0.153	1.622±0.077	1.046±0.074	12.059±0.443
42	2.416±0.180	2.729±0.073	1.665±0.037	17.248±0.413
43	1.919±0.142	2.379±0.134	1.780±0.064	15.352±0.292
44	3.086±0.152	2.693±0.275	1.650±0.069	18.797±0.918
45	1.6728±0.078	2.231±0.101	1.882±0.070	14.586±0.401
46	3.062±0.051	2.023±0.092	2.377±0.051	18.707±0.274
47	2.492±0.146	1.927±0.195	1.764±0.060	15.558±0.689
48	1.560±0.179	2.270±0.312	2.251±0.110	15.291±1.051
49	3.895±0.169	3.825±0.440	2.210±0.128	23.730±1.241
50	1.629±0.050	2.291±0.094	1.959±0.209	14.819±0.613
51	1.677±0.035	2.105±0.377	1.965±0.111	14.463±1.330
52	1.469±0.119	1.823±0.150	1.964±0.147	13.195±0.550
53	1.265±0.117	1.078±0.105	1.974±0.137	12.579±0.848
54	1.564±0.093	2.421±0.156	1.724±0.121	14.438±0.211
55	1.257±0.117	1.927±0.099	1.931±0.366	12.859±1.032
泰州株系（n＝21）	2.622±0.571	2.225±0.409	1.947±0.314	17.153±2.080
56	2.514±0.285	2.810±0.313	1.806±0.169	18.045±1.346
57	2.013±0.371	2.005±0.081	1.831±0.103	14.723±0.495
58	1.576±0.091	1.815±0.131	2.329±0.073	14.314±0.654
59	2.787±0.210	2.983±0.280	2.162±0.149	20.039±1.045
60	1.887±0.209	2.053±0.147	2.379±0.068	15.841±0.310
61	2.309±0.057	1.992±0.113	2.203±0.127	16.321±0.291
62	2.642±0.241	1.814±0.135	1.538±0.542	14.374±0.715
63	2.827±0.184	2.250±0.110	1.621±0.087	16.910±0.176

编号	槲皮素	山奈黄素	异鼠李素	总黄酮
64	2.320±0.100	2.122±0.027	2.198±0.122	16.678±0.473
65	1.379±0.088	1.907±0.506	2.516±0.139	14.510±1.128
66	2.828±0.085	2.798±0.342	1.990±0.150	19.240±0.783
67	2.899±0.056	1.807±0.120	2.317±0.143	17.585±0.297
68	3.162±0.096	2.347±0.190	1.957±0.123	18.809±0.598
69	3.452±0.173	2.840±0.265	1.640±0.257	20.082±0.354
70	3.409±0.119	2.855±0.284	1.608±0.056	19.939±1.032
71	3.155±0.110	2.582±0.086	1.732±0.096	18.874±0.206
72	2.730±0.179	1.891±0.194	1.425±0.077	15.249±0.531
73	2.778±0.199	2.236±0.249	1.956±0.132	17.550±1.423
74	3.395±0.099	2.512±0.271	2.083±0.132	20.131±0.334
75	2.362±0.294	1.904±0.204	1.564±0.199	16.943±0.947
76	2.639±0.321	1.829±0.129	2.030±0.191	16.304±1.191
徐州株系（n=10）	2.650±0.563	2.176±0.472	1.913±0.226	16.895±0.240
77	2.359±0.166	2.342±0.114	2.025±0.175	16.943±0.947
78	1.648±0.133	2.503±0.258	1.553±0.064	14.456±0.473
79	2.800±0.098	2.120±0.175	1.830±0.114	17.000±0.941
80	3.554±0.107	2.415±0.318	2.033±0.188	20.155±0.198
81	2.746±0.183	1.605±0.064	1.759±0.119	15.333±0.681
82	2.609±0.274	2.189±0.546	2.148±0.136	16.738±1.227
83	3.059±0.141	1.797±0.106	1.643±0.088	16.350± 0.708
84	2.208±0.145	2.034±0.156	2.146±0.140	16.041±1.099
85	3.273±0.179	3.162±0.356	2.194±0.327	21.807±1.580
86	2.242±0.212	1.590±0.159	1.800±0.198	14.126±1.041
总平均	2.381±0.731	2.155±0.497	1.8515±0.397	15.990±3.147

槲皮素含量变幅为 1.152~3.895 mg · g^{-1} DW，平均值为 2.381 mg×g^{-1}DW，含量最低的 10 个株系的平均值只有 1.286

mg · g^{-1} DW，比总的平均含量少 1.095 mg · g^{-1} DW，含量达到 3.0 mg · g^{-1} DW 的株系有 22 个，平均含量达 3.309 mg · g^{-1} DW，是最低 10 个株系平均含量的 2.572 倍。方差分析 F 测验表明（表 4.9），不同雄株之间的槲皮素含量呈极显著差异（F=59.5917，P<0.001）。

表 4.9　银杏雄株间叶片槲皮素含量的方差分析

差异来源	平方和	自由度	均方	F 值
株 间	136.0683	85	1.6008	59.5917**
误 差	4.6204	172	0.0268	
总变异	140.688	257		

山奈黄素含量的变幅为 0.308~3.825 mg · g^{-1} DW，平均值为 2.155 mg×g^{-1}DW。含量最低的 10 个株系的平均值只有 1.398 mg · g^{-1} DW，比总的平均含量少 0.757 mg · g^{-1} DW，含量达到 3.0 mg · g^{-1} DW 的株系达 5 个，平均含量为 3.196 mg · g^{-1} DW，是最低 10 个株系平均含量的 2.287 倍。对不同银杏雄株叶片山奈黄素的含量进行方差分析（表 4.10），F 测验表明，不同雄株之间的山奈黄素含量存在极显著差异（F=14.3968，P<0.001）。

表 4.10 银杏雄株叶片山奈黄素含量的方差分析

差异来源	平方和	自由度	均方	F 值
株 间	63.0928	85	0.7423	14.3968**
误 差	8.8680	172	0.0516	
总变异	71.9608	257		

异鼠李素含量的变幅为 0.796~3.427 mg · g^{-1} DW，平均值为 1.852 mg × g^{-1}DW。含量最低的 10 个株系的平均值只有 1.176 mg · g^{-1} DW，比总的平均含量少 0.676 mg · g^{-1} DW，含量达到 3.0 mg · g^{-1} DW 的株系只有 1 个，是最低 10 个株系平均含量的 2.915 倍。方差分析 F 测验表明（表 4.11），不同雄株之间其异鼠李素含量也有极显著差异（F=18.232，P<0.001）。

表 4.11　银杏雄株间叶片异鼠李素含量的方差分析

差异来源	平方和	自由度	均方	*F* 值
株 间	40.2245	85	0.4732	18.232**
误 差	4.4644	172	0.0260	
总变异	44.6889	257		

2.2.3 不同株系总黄酮含量的比较

根据公式计算，不同株系间总黄酮含量见表 4.8。总黄酮含量变幅为 7.387~23.730 mg · g^{-1} DW，含量最低的 10 个株系的平均值只有 10.767 mg · g^{-1} DW，比总的平均含量少 5.223 mg · g^{-1} DW，含量超过 20.0 mg · g^{-1} DW 的有 13 个株系，平均含量达到 20.973 mg · g^{-1} DW，是最低 10 个株系平均含量的 1.93 倍。对不同银杏雄株叶片总黄酮苷元的含量进行方差分析（表 4.12），F 测验表明，不同雄株间总黄酮含量呈极显著差异（F=46.5461，P<0.001），其平均值为 15.990 mg · g^{-1} DW。

表 4.12　银杏雄株间叶片总黄酮含量的方差分析

差异来源	平方和	自由度	均方	*F* 值
株 间	2546.027	85	29.9533	46.5461**
误 差	110.6851	172	0.6435	
总变异	2656.7124	257		

2.2.4 优良雄株株系的选择

设定槲皮素、山奈黄素、异鼠李素、总黄酮含量分别达到平均数 2.381 mg · g^{-1} DW、2.155mg · g^{-1} DW、1.852 mg · g^{-1} DW、15.99 mg · g^{-1} DW 为叶用株系选择标准，对各株系筛选后发现扬州株系的 4、5、12、39、49、泰州株系的 59、66、68、74 以及徐州株系的 80、85 符合要求。

2.3 银杏雄株叶片黄酮类化合物含量的相关性状分析

银杏雄株叶片总黄酮含量与冠形指数、SLDW、SLFW、叶片厚度等性状指标的相关分析结果见表 4.13。如表所示，银杏雄株叶片的总黄酮含量与 SLDW、SLFW、叶片厚度呈显著或极显著正相关。说明随着单位面积的叶片鲜重或干重的增加，银杏雄株叶片黄酮类化合物含量有极显著增长；叶片越厚，银杏雄株叶片黄酮类化合物含量越多。这与程水源等（1997）、钱大玮等（2002）等研究结果基本一致。因此，选择 SLDW 或 SLFW 等形状指标大的株系有助于获得黄酮类化合物的高含量的株系。

表 4.13 银杏雄株叶片性状指标的相关性分析

	总黄酮含量	冠形指数	比叶干重	比叶鲜重	叶片厚度
总黄酮含量	1.000				
冠形指数	0.108	1.000			
比叶干重	0.366**	−0.187	1.000		
比叶鲜重	0.489**	−0.128	0.847**	1.000	
叶片厚度	0.433*	0.156	0.190	0.179	1.000

3 讨论

3.1 开展银杏雄性株系叶片指纹图谱研究的意义

黄酮类化合物是银杏叶片重要有效药用成分，黄酮类化合物通常都以糖苷形式存在，即槲皮素、山奈黄素、异鼠李素和其各种糖苷组成，前三种是其主要成分，银杏叶及其提取物（GBE）的质量控制中主要检测这三种黄酮苷元的含量。前人的研究多集中在提取方法、栽培模式、采叶时期、植株性别等对黄酮含量的影响方面（史继孔等，1998；鞠建明等，2003；谢宝东等，2006；Popova et al.，2009； Liao et al.，2009；Tang et al.，2010），且研究的取材大多是一般的银杏树种（株系），基本未涉及优良株系的选择。雄株叶片总黄酮含量大于雌株（王英强等，2001），且叶片总产量又高于雌株。因此选择叶片高黄酮含量的银杏雄株培育优良无性系品种是生产所需。

本研究根据银杏槲皮素、山奈黄素和异鼠李素的分子结构特点，选用 RP–HPLC 技术，可有效地对其进行分离和检测，其色谱图不仅能够表现出代表银杏黄酮类化合物的特征谱峰，而且能够计算出各功能性成分的含量。结合银杏黄酮类化合物的提取、分离、纯化等技术，RP–HPLC 技术可用来构建银杏雄株叶片黄酮苷元成分的指纹图谱，在多年雄株优良株系选择的基础上，从银杏主产区江苏扬州、泰州、徐州初选的银杏优良株系选择了 86 株作为研究对象，以期为评价银杏雄株叶片和花粉中黄酮类化合物含量水平及其产品的质量提供科学依据。

3.2 叶片黄酮苷元及总黄酮含量的变化规律

曾里等（2008）的研究认为，银杏叶的功效质量与其所含的槲皮素、山奈黄素、异鼠李素 3 种苷元的比例有很大关系，质量较好的银杏叶其三者的比例应为（0.30~0.40）:（0.30~0.40）:（0.10~0.20）。本研究发现，银杏雄株叶片中 3 种黄酮苷元中槲皮素、山柰黄素所占比例较大，异鼠李素含量相对较少，上述三种黄酮苷元平均比例在 0.39 : 0.33 : 0.27，基本符合上面的比例，而且与钱大玮等（2004）对邳州银杏黄酮含量的分析结果也基本一致。苑可武（1997）研究北京银杏叶片含量时认为，黄酮苷元以山萘黄素和槲皮素为主，异鼠李素很少。Tang 等（2010）利用反相高效液相色谱 – 二极管列阵检测法建立色谱指纹图谱，同时测定了产自不同厂家的银杏叶片，测定结果也是槲皮素较多，而异鼠李素较少。

国内外对各采叶期银杏黄酮类化合物含量的变化研究较多（Lobstein，1991；Dubber & Kanfer，2004；钱大玮等，2002；Beek & Montoro，2009），结论也相差较大（Cheng et al., 2009）。Lobstein 等（1991）研究了法国一株万年生银杏，Hasler 等（1992）分析了瑞士苏黎世地区银杏叶中黄酮含量的季节变化，均发现叶片黄酮含量以春季 4、5 月份最高，之后逐渐降低直至落叶。苑可武等（1997）、管玉民等（2000）和钱大玮等（2002）对银杏叶片黄酮含量随季节性变化的研究结果同上述基本一致。张秀全等（1995）和陈秀珍等（1998）的研究结果恰恰相反，认为银杏叶片黄酮含量自 4—11 月份间，逐月提高并于 8、9 月份以后达到峰值，趋于稳定。也有研究认为，银杏叶片黄酮含量在 1 年中出现两次峰值，8 月份出现第 1 个，10 月份叶色发黄后又出现第 2 个（李莉等，2006）。本研究测定各采叶期黄酮类化合物含量的变化，从 4 月份至 10 月份递增，其中 4 月份至 8 月份增长较快，8 月份至 10 月份增长趋缓，10 月份达到高峰，含量最高为 18.8 mg·g^{-1} DW。

3.3 叶片总黄酮含量优良株系的选择

银杏雄株叶片总黄酮含量差异明显，陈旭等（2000）测定广西地区的雄株总黄酮含量仅为 3.14 mg·g^{-1} DW，张丽艳等（2002）测定的贵州一棵约 100 年生雄株总黄酮含量为 3.38 mg·g^{-1} DW。陈学森等（1997b）测试的湖北 5 个银杏株系的总黄酮含量在 11.0~20.2 mg·g^{-1} DW 之间，平均值为 14.2 mg·g^{-1} DW，且株系间含量差异显著。王英强等（2001）测定广东产银杏雄株叶片总黄酮的平均含量达到 29.4 mg·g^{-1} DW。本研究结果表明，不同银杏雄株间也存在较大的差异，总黄酮含量在 7.387~23.730 mg·g^{-1} DW 之间，同前人的研究结果基本一致。根据设定的各黄酮苷元和总黄酮含量的阈值，筛选后发现扬州株系的 4、5、12、39、49、泰州株系的 59、66、68、

74以及徐州株系的80、85符合要求。也有专家认为总黄酮含量达到干叶的24%是银杏叶药用成分的关键（Beek & Montorob，2009）。

银杏叶片黄酮类化合物含量的变化既受自身遗传因素影响（Lobstein et al.，1991；陈鹏 等，2000；王英强等，2001；Kim & Kim，2010），又受外界自然环境的影响。有研究认为，银杏叶片黄酮含量与树龄、叶片着生部位、栽培措施、光照强度等相关（Hoon and Staba，1993；史继孔等，1998；陈鹏等，2000；程水源等，2001；钱大玮等，2002；鞠建明等，2003；谢宝东等，2006；Shui-Yuan et al.，2009）。也有研究认为适当控制水分可以提高黄酮类化合物的含量（Andrew & Michael，1976；Merlo & Passera，1991；程水源等，2001），也有研究认为控制相关合成酶基因可以控制黄酮类化合物（程水源等，2001；Pang et al.，2005；许锋 等，2007；Song et al.，2010，2011；Cheng et al.，2011），还有研究认为低浓度的Cu^{2+}能提高银杏盆栽苗叶的类黄酮含量，并可适当延长最佳采收期等（王燕等，2007）。胡蕙露（1998）的研究认为N^{+}离子注入能引起银杏有效成分黄酮含量与对照有显著差异。

本研究选择的黄酮高含量株系是否能保持其稳定性，尚需进一步统一栽培措施、完善生长环境，进行综合比较。研究选择出的优良雄株株系，生产中也需要更加优化栽培条件和措施，提高其叶片类黄酮化合物的含量。另外，开展转基因育种，强化银杏黄酮合成基因的定位克隆与转入，并培育出高药效成分的叶用品种（系），也是未来研究的重要方向（Kuddus et al.，2002；邢世岩，等2004；李琳玲，2010）。

附：银杏叶片高含量黄酮类化合物优选雄株的 HPLC 色谱图

4 号雄株

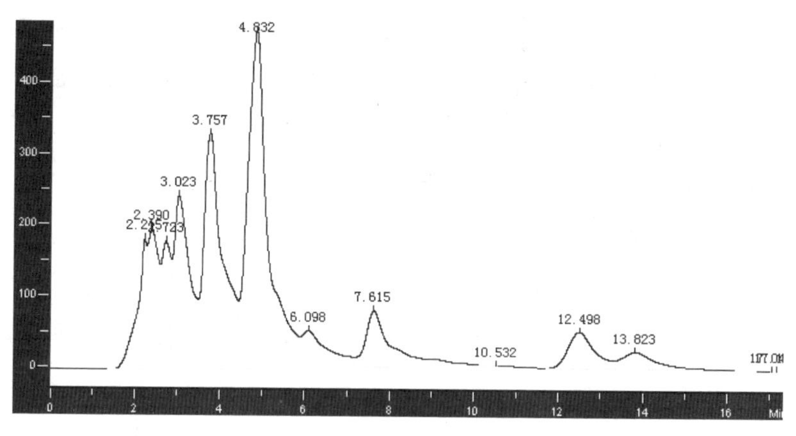

5 号雄株

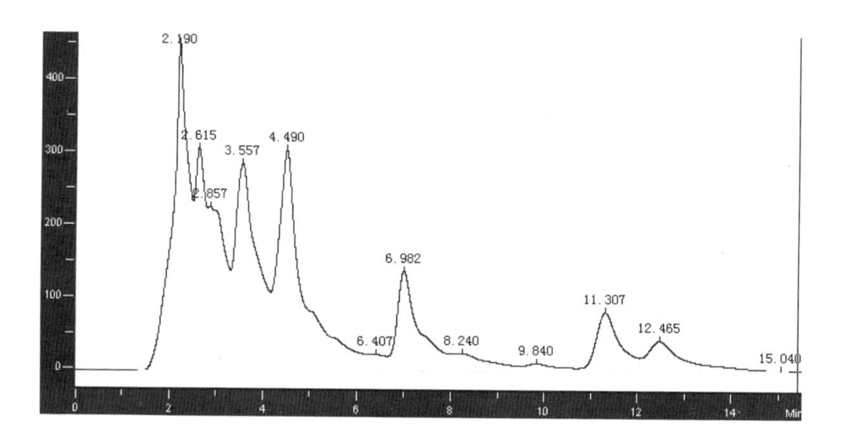

12 号雄株

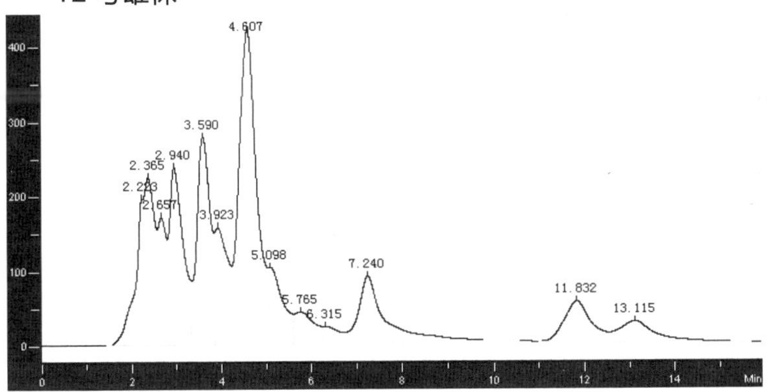
4.607
3.590
2.940
2.365
2.223
2.657
3.923
5.098
7.240
5.765
6.315
11.832
13.115
400
300
200
100
0
0
2
4
6
8
10
12
14
Min

39 号雄株

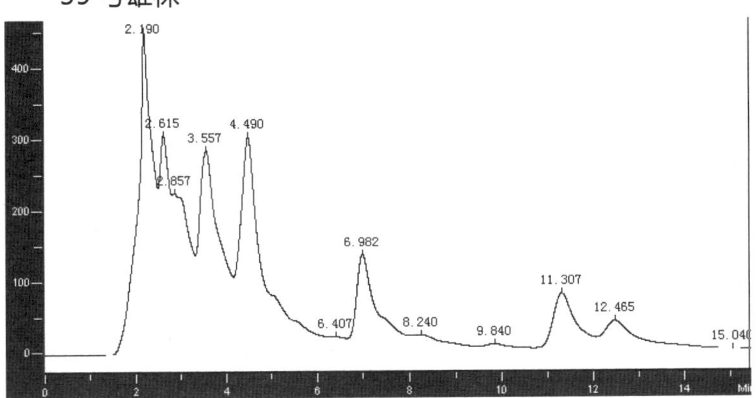
2.190
2.615
3.557
4.490
2.857
6.982
11.307
12.465
6.407
8.240
9.840
400
300
200
100
0
0
2
4
6
8
10
12
14

49 号雄株

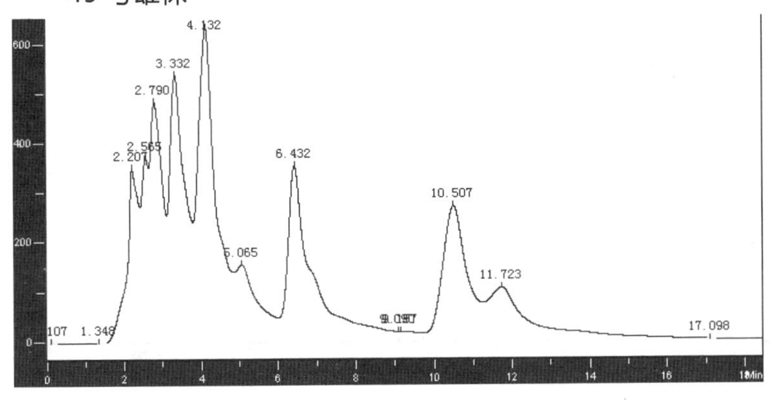
4.132
3.332
2.790
2.565
2.207
6.432
10.507
5.065
11.723
1.348
17.098
600
400
200
0
0
2
4
6
8
10
12
14
16

59 号雄株

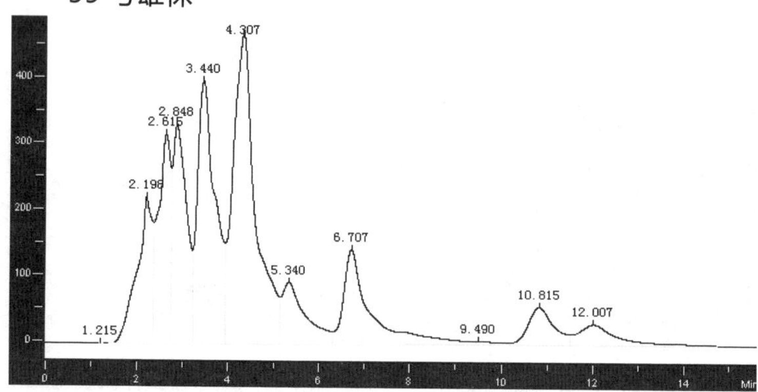

69 号雄株

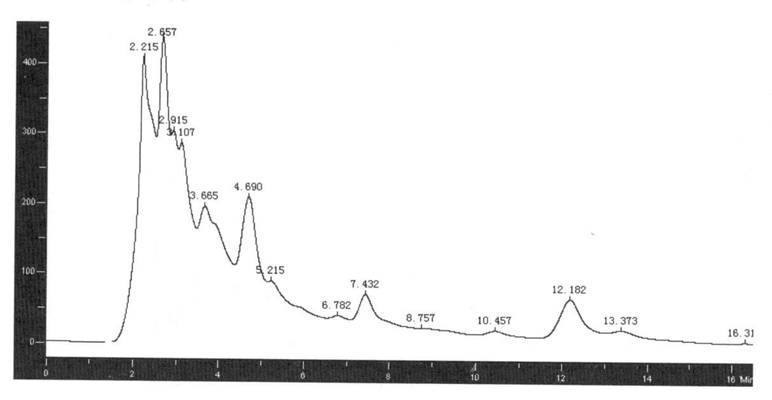

74 号雄株

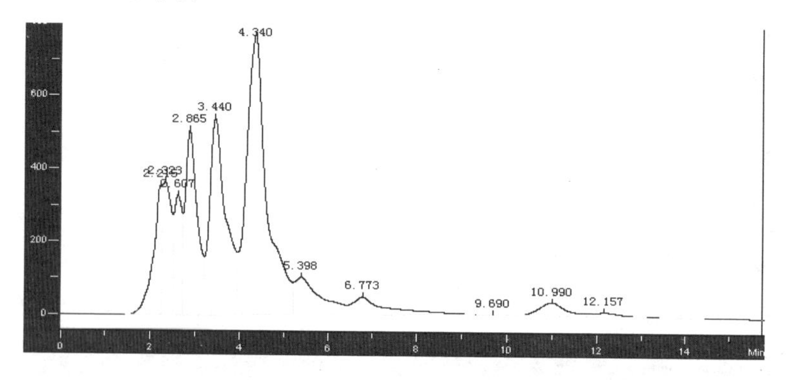

第五章 银杏花粉黄酮类化合物含量的分析

本章研究江苏省86个银杏实生雄株（系）花粉黄酮类化合物主要成分及其含量，为合理开发利用银杏雄株种质资源提供理论依据。运用HPLC分析不同株系花粉甲醇（乙醇）– 盐酸水解溶液中主要黄酮苷元的含量，并采用三因子法计算总黄酮苷含量。供试银杏雄株的花粉槲皮素、山奈黄素和异鼠李素三种黄酮苷元的平均含量分别为0.327 $mg \times g^{-1}$DW、7.891 $mg \times g^{-1}$DW和0.254 $mg \times g^{-1}$DW，山奈黄素含量较高，三种黄酮苷元的含量差异较大，花粉中总黄酮的含量为22.240 $mg \times g^{-1}$DW，明显高于叶片。叶片和花粉两者间总黄酮苷含量的相关系数为0.9270*，呈显著正相关。通过设定黄酮苷元和总黄酮含量的选择阈值，发现扬州有14个株系（2、4、5、8、10、11、12、16、18、34、39、44、46、49）、泰州有5个株系（59、63、66、68、70）符合花粉用标准。通过黄酮苷元和总黄酮含量的分析，根据设定的选择指标，可以得到优良的花粉用单株供生产利用。

银杏花粉中富含人体必需的蛋白质、氨基酸、维生素、脂类等多种营养成分以及类黄酮化合物（槲皮素、山奈黄素、异鼠李素）和多种微量元素等生物活性物质，在国际上被称为"完全营养品"（Hasler et al.，1990；陈鹏，2002；王亚敏等，

2005；郭芳彬，2006；支崇远和王开发，2004）。类黄酮化合物在抗氧化、清除自由基、抗肿瘤、预防心血管疾病和治疗免疫缺陷，保护人类健康等方面都起着重要的作用（Takeshi et al.，2002；Tian et al.，2003；Smith & Luo，2004；Petra et al.，2005；Brown et al.，2005； Esmaillzadeh & Azadbakht，2008；Mashayekh et al.，2011）。研究银杏花粉中的营养成分，开发保健食品和药品，具有广阔的前景（王锋等，2005；Meston et al.，2008；Zuo et al.，2010）。银杏雌雄异株，花粉大多采自实生苗，很少有无性系，因此花粉中类黄酮含量存在较大差异（邢世岩等，1998a；王国霞等，2007）。20 世纪 30 年代以来，许多的国内外学者开展了银杏花粉方面的研究，大多集中在花粉形态结构观察、发育特点、营养成分含量测定、生活力测定等方面（Gifford & Li，1975；张仲鸣等，2000；凌裕平，2003；Norrtog & Gifford，2004；Vaughn & Renzaglia，2006；汪贵斌，2005；Xiu et al.，2006；胡君艳等，2008；王国霞等，2010；王莉等，2010），也有少量学者在银杏花粉类黄酮化合物含量等方面开展了一些研究（邢世岩等，1998b；李维莉等，2006；王国霞等，2007），并取得了一定的进展，为银杏花粉的开发利用奠定了基础。王国霞等（2007）的研究认为，地区间银杏花粉黄酮含量的差异与气候地理因子的相关性不显著。因此，进行银杏花粉用或者花叶兼用优良雄株（系）的选择，培育优良株系势在必行。本研究选取江苏省扬州、泰州及徐州共 86 个银杏实生雄株（系）为试材，运用 HPLC 技术测定花粉类黄酮化合物主要成分及含量，以期为合理开发利用银杏雄株种质资源提供重要的理论依据。

1 材料与方法

1.1 试验材料

供试材料同上（见表 2.1）。本研究于 2007—2008 年，参照王国霞等（2006）的方法，在花穗成熟前 3~5 天，每株采集 100 个花序。采集的雄花放置于实验室背风向阳处晾晒，花粉完全散出后过 100 目筛，收集于干燥器中，于 −20 ℃低温密闭保存。

1.2 仪器与试剂

1.2.1 仪器

微型植物粉碎机（9101 型）：北京市检测仪器公司；

超声波清洗器（KQ−500B）：昆山市超声仪器有限公司；

恒温箱（NC−303）：南京市长江电器有限公司；

旋转蒸发仪（RE−5299）：上海亚荣生化仪器有限公司；

水浴锅（SHA−C）：国华仪器有限公司；

多用循环水真空泵：上海亚荣生化仪器有限公司；

高效液相色谱仪（LC−10AT）：日本岛津公司；

紫外检测器（SPD−10A）：日本岛津公司；

电热恒温鼓风干燥箱（DGG−9240A 型）：上海森信实验仪器有限公司；

高速冷冻离心机（GL−21M）：长沙平凡仪器仪表有限公司；

石英亚沸高纯水整流器（SYZ−A）：江苏省金坛市荣华仪器制造有限公司。

1.2.2 试剂

药品：槲皮素、山奈黄素、异鼠李素标准品，购自上海同田生物有限公司。

试剂：乙醇、石油醚、正己烷、磷酸等试剂均为分析纯，ADS-17大孔树脂，HPLC用甲醇为色谱纯，HPLC用水为超纯水，其他用水为双蒸水。

1.3 花粉中黄酮类化合物的提取

1.3.1 花粉的破壁

参考玉米花粉的破壁方法（周顺华等，2002；曹龙奎等，2003），经预备试验后，采用液氮－沸水温差法对银杏花粉进行提取前的破壁处理。将花粉放入20 ml离心管中，加入液氮速冻60~90 s后，立即置于沸水中直至花粉散发出特殊香味，每样品重复处理3次。

1.3.2 黄酮类化合物的提取

精确称取0.5 g破壁后的银杏花粉于100 ml三角瓶中，加入20 ml水解液甲醇-25%盐酸溶液（4:1），密封后在天平上精确称重，放入沸水浴中超声40 min，快速冷却，再次称重并用甲醇补足，摇匀，过滤，再把滤液用0.45 μm微孔滤膜过滤，作为供试品溶液。

1.4 黄酮类化合物的HPLC检测

同第四章1.4。

1.5 雄花形态指标、花粉性状指标的测定

随机选取每株的30穗花序，运用游标卡尺进行长、宽、柄长和药囊对数/花序的测量和统计。随机取上、中、下部的药囊，混合出粉，在ZEIZZ PRIMO STAR X-2500显微镜下再随机选取发育正常的30粒花粉粒测量其极、赤轴长度并计算其极赤比。

2 结果与分析

2.1 黄酮含量的分析

2.1.1 不同株系黄酮苷元含量的比较

不同株系花粉黄酮苷元含量见表5.1。总体而言，银杏花粉黄酮苷元含量的次序与叶片不同，由多到少依次为：山奈黄素 > 槲皮素 > 异鼠李素。

表5.1　银杏雄株花粉中的黄酮的含量

编号	槲皮素	山奈黄素	异鼠李素	总黄酮
扬州株系（$n=55$）	0.357±0.230	7.821±2.723	0.279±0.170	22.182±7.725
1	0.691±0.047	10.652±0.209	0.024±0.007	29.023±0.676
2	0.778±0.062	11.871±0.357	0.415±0.047	34.285±1.027
3	0.211±0.015	5.35±0.361	0.004±0.004	14.611±0.972
4	0.840±0.038	10.85±0.366	0.405±0.046	31.72±0.982
5	0.589±0.059	11.23±0.389	0.630±0.046	32.633±1.035
6	0.710±0.044	7.731±0.208	0.783±0.054	24.062±0.637
7	0.323±0.033	7.322±0.255	0.276±0.027	20.799±0.578
8	0.680±0.106	8.633±0.415	0.314±0.043	25.246±0.941
9	0.803±0.129	9.912±0.348	0.176±0.036	28.605±1.276
10	0.725±0.15	12.357±0.273	0.423±0.045	35.454±0.859
11	0.645±0.022	11.49±0.526	0.300±0.029	32.668±1.372
12	0.891±0.055	14.522±0.787	0.434±0.024	41.613±2.118
13	0.200±0.053	5.871±0.506	0.247±0.048	16.593±1.455
14	0.237±0.04	9.482±0.300	0.311±0.465	25.723±0.779

编号	槲皮素	山奈黄素	异鼠李素	总黄酮
15	0.073±0.052	1.691±0.305	0.267±0.012	5.286±0.904
16	0.506±0.045	8.333±0.363	0.785±0.057	25.145±0.907
17	0.202±0.073	6.922±0.677	0.241±0.037	19.356±1.922
18	0.635±0.063	9.966±0.514	0.303±0.037	28.63±1.603
19	0.609±0.074	8.264±0.36	0.212±0.056	23.852±1.143
20	0.211±0.067	5.408±0.124	0.126±0.017	15.109±0.47
21	0.159±0.024	6.238±0.392	0.118±0.025	17.149±1.132
22	0.204±0.034	10.311±0.313	0.270±0.015	28.378±0.89
23	0.182±0.033	11.07±0.369	0.148±0.029	30.037±1.113
24	0.193±0.014	10.971±0.399	0.127±0.01	29.75±1.055
25	0.084±0.012	3.562±0.367	0.104±0.006	9.861±0.984
26	0.240±0.040	8.759±0.312	0.236±0.048	24.292±0.817
27	0.154±0.021	6.029±0.606	0.202±0.042	16.786±1.727
28	0.629±0.088	7.724±0.337	0.109±0.004	22.228±0.719
29	0.155±0.021	4.833±0.339	0.092±0.003	13.367±0.886
30	0.089±0.018	4.318±0.497	0.195±0.095	12.087±1.165
31	0.254±0.038	9.575±0.45	0.432±0.062	26.95±1.294
32	0.220±0.044	6.936±0.443	0.160±0.045	19.245±1.324
33	0.369±0.038	5.876±0.381	0.156±0.041	16.811±1.172
34	0.433±0.056	8.967±0.672	0.560±0.051	26.099±1.696
35	0.155±0.038	3.249±0.338	0.129±0.013	9.276±0.919
36	0.286±0.022	4.678±0.552	0.103±0.007	13.312±1.497

编号	槲皮素	山奈黄素	异鼠李素	总黄酮
37	0.161±0.045	6.133±0.498	0.221±0.063	17.123±1.384
38	0.166±0.036	6.158±0.553	0.301±0.155	17.393±1.179
39	0.558±0.032	11.207±0.356	0.432±0.059	32.020±0.962
40	0.413±0.043	7.574±0.532	0.241±0.047	21.608±1.297
41	0.090±0.008	4.560±0.63	0.124±0.014	12.561±1.629
42	0.161±0.044	8.154±0.44	0.234±0.029	22.488±1.192
43	0.098±0.01	6.636±0.507	0.085±0.01	17.968±1.316
44	0.432±0.059	9.611±0.453	0.268±0.029	27.098±1.186
45	0.208±0.024	8.152±0.513	0.216±0.056	22.559±1.441
46	0.405±0.031	9.595±0.486	0.422±0.035	27.354±1.278
47	0.087±0.006	6.747±0.486	0.235±0.037	18.591±1.242
48	0.247±0.052	8.292±0.668	0.034±0.006	22.592±1.851
49	0.410±0.104	12.636±0.618	0.498±0.025	35.578±1.897
50	0.346±0.054	5.997±0.441	0.393±0.057	17.642±1.414
51	0.394±0.053	6.563±0.413	0.463±0.052	19.422±1.344
52	0.404±0.044	5.994±0.447	0.337±0.033	17.645±1.298
53	0.343±0.026	3.161±0.485	0.457±0.049	10.298±1.329
54	0.225±0.061	6.085±0.634	0.236±0.033	17.194±1.616
55	0.147±0.03	5.971±0.724	0.304±0.051	16.859±2.035
泰州株系（n＝21）	0.284±0.145	8.166±2.284	0.225±0.143	22.807±6.315
56	0.453±0.071	10.491±0.465	0.039±0.006	28.927±1.289
57	0.272±0.028	7.535±0.500	0.227±0.038	21.118±1.299

编号	槲皮素	山奈黄素	异鼠李素	总黄酮
58	0. 189±0. 049	7. 623±0. 522	0. 439±0. 061	21. 649±1. 504
59	0. 614±0. 057	11. 153±0. 511	0. 254±0. 024	31. 593±1. 401
60	0. 200±0. 048	5. 757±0. 597	0. 128±0. 013	16. 008±1. 697
61	0. 224±0. 03	7. 552±0. 387	0. 38±0. 034	21. 407±1. 089
62	0. 368±0. 059	6. 598±0. 342	0. 501±0. 032	19. 539±0. 998
63	0. 470±0. 062	8. 894±0. 635	0. 313±0. 044	25. 407±1. 905
64	0. 432±0. 055	7. 586±0. 51	0. 186±0. 044	21. 557±1. 333
65	0. 006±0. 002	3. 966±0. 529	0. 115±0. 011	10. 731±1. 419
66	0. 389±0. 022	10. 06±0. 458	0. 313±0. 038	28. 283±1. 208
67	0. 076±0. 004	2. 72±0. 462	0. 199±0. 061	7. 847±1. 299
68	0. 344±0. 037	9. 971±0. 408	0. 260±0. 046	27. 807±0. 878
69	0. 260±0. 048	10. 457±0. 452	0. 186±0. 058	28. 703±1. 34
70	0. 361±0. 008	10. 483±0. 614	0. 306±0. 045	29. 312±1. 558
71	0. 103±0. 006	9. 483±0. 589	0. 463±0. 047	26. 401±1. 455
72	0. 256±0. 023	7. 044±0. 54	0. 062±0. 004	19. 387±1. 446
73	0. 173±0. 037	5. 792±0. 342	0. 026±0. 004	15. 785±0. 952
74	0. 181±0. 029	10. 44±0. 509	0. 051±0. 007	28. 137±1. 266
75	0. 261±0. 046	9. 081±0. 505	0. 220±0. 036	25. 154±1. 443
76	0. 336±0. 029	8. 796±0. 322	0. 058±0. 006	24. 202±0. 84
徐州株系（n=10）	0. 247±0. 157	7. 697±2. 626	0. 179±0. 159	21. 368±7. 251
77	0. 450±0. 043	8. 491±0. 457	0. 044±0. 005	23. 651±1. 16
78	0. 133±0. 009	4. 391±0. 488	0. 036±0. 004	12. 012±1. 287

编号	槲皮素	山奈黄素	异鼠李素	总黄酮
79	0.161±0.036	9.023±0.595	0.534±0.033	25.502±1.422
80	0.152±0.027	11.403±0.607	0.268±0.028	31.127±1.497
81	0.150±0.027	7.240±0.411	0.246±0.021	20.076±1.09
82	0.318±0.054	7.099±0.468	0.105±0.005	19.791±1.091
83	0.163±0.02	8.096±0.361	0.263±0.035	22.412±1.078
84	0.311±0.027	5.446±0.417	0.208±0.06	15.654±0.951
85	0.558±0.032	11.707±0.35	0.060±0.008	32.452±0.939
86	0.076±0.006	4.073±0.278	0.026±0.003	11.005±0.716
总平均	0.327±0.207	7.891±2.587	0.254±0.165	22.240±7.282

槲皮素含量变幅为0.006~0.891 mg·g^{-1} DW，平均值为0.327 mg·g^{-1} DW，远低于叶片中槲皮素的含量，含量最低的10个株系的平均值只有0.078 mg·g^{-1} DW，含量达到0.600 mg·g^{-1} DW的株系有13个，平均含量达0.712 mg·g^{-1} DW，是最低10个株系平均含量的9.099倍。对不同银杏雄株花粉槲皮素的含量进行比较分析（见表5.2），不同雄株之间呈现极显著差异（F=54.1118，P<0.001）。

表5.2 银杏雄株间花粉槲皮素含量的方差分析

差异来源	平方和	自由度	均方	*F*值
株 间	10.956	85	0.1289	54.1118
误 差	0.4097	172	0.00241	
总变异	11.3657	257		

山奈黄素含量的变幅为 1.691~14.522 mg · g^{-1} DW，平均值为 7.891 mg × g^{-1} DW，含量最低的 10 个株系的平均值只有 3.569 mg · g^{-1} DW，含量达到 10.0 mg · g^{-1} DW 以上的株系有 20 个，平均为 11.268 mg · g^{-1} DW，是最低 10 个株系平均含量的 3.157 倍。对不同银杏雄株花粉山奈黄素的含量进行方差分析（见表 5.3），F 测验表明，不同雄株间呈现极显著差异（F=55.3043，P<0.001）。

表 5.3　银杏雄株间花粉山奈黄素含量的方差分析

差异来源	平方和	自由度	均方	F 值
株 间	1702.15	85	20.0252	91.0522
误 差	37.8283	172	0.2199	
总变异	1739.978	257		

异鼠李素含量的变幅为 0.004~0.785 mg · g^{-1} DW，平均值为 0.254 mg · g^{-1} DW。含量最低的 10 个株系的平均值只有 0.034 mg · g^{-1} DW，含量达到 0.600 mg · g^{-1} DW 的株系只有 3 个，平均含量为 0.733 mg · g^{-1} DW，是最低 10 个株系平均含量的 21.423 倍。对不同银杏雄株花粉异鼠李素的含量进行方差分析（见表 5.4），不同雄株花粉间的也呈现极显著差异（F=49.4647，P<0.001）。

表 5.4 银杏雄株间花粉异鼠李素含量的方差分析

差异来源	平方和	自由度	均方	F 值
株 间	6.9498	85	0.0818	19.4988
误 差	0.7212	172	0.0042	
总变异	7.6710	257		

2.1.2 不同株系总黄酮含量的比较

根据公式计算，各银杏雄株花粉总黄酮苷含量见表 4.5，总黄酮含量的变幅为 5.286~41.613 mg·g^{-1} DW，其平均值为 22.240 mg·g^{-1}DW。最低的 10 个株系的平均含量只有 10.096 mg·g^{-1} DW，含量超过 30.0 mg·g^{-1} DW 的有 12 个株系，含量达到 20.0 mg·g^{-1} DW 的有 51 个株系，平均含量达到 27.125 mg·g^{-1} DW，是最低 10 个株系平均含量的 2.686 倍。

方差分析 F 测验（见表 5.5）表明，不同雄株间的总黄酮含量也呈现极显著差异（F=101.9082，P<0.001）。

表 5.5　银杏雄株间花粉总黄酮苷含量的方差分析

差异来源	平方和	自由度	均方	F 值
株 间	13522.89	85	159.0929	97.9366
误 差	278.43	172	1.6244	
总变异	13802.3	257		

2.1.3 优良雄株株系的选择

本研究设定各单黄酮槲皮素、山奈黄素、异鼠李素、总黄酮分别达到平均数 0.327 mg·g^{-1} DW、7.891 mg·g^{-1} DW、0.254 mg·g^{-1} DW、22.240 mg·g^{-1} DW 为花粉用株系选择标准，对各株系筛选后发现，江苏扬州有 14 个株系（2、4、5、8、10、11、12、16、18、34、39、44、46、49）、泰州有 5 个株系（59、63、66、68、70）符合要求。

供试雄株中有 8 个株系的黄酮类化合物含量既符合叶片用标准，又符合花粉用标准，即扬州株系 04、05、12、39、49 和泰州株系 59、66、68。

2.2 叶片和花粉中黄酮苷元及总黄酮含量的比较

虽然叶片和花粉中都含有槲皮素、山奈黄素和异鼠李素 3 种黄酮苷元，但在含量和所占比例上均有不同。叶片三种黄酮苷元的平均含量在 1.852~2.381 $mg \cdot g^{-1}$ DW 之间，槲皮素、山奈黄素、异鼠李素含量分别占 37.28%、33.74%、28.99%，三者之间差异不显著。花粉中三种黄酮苷元的平均含量在 0.254~7.891 $mg \cdot g^{-1}$ DW 之间，槲皮素、山奈黄素、异鼠李素含量分别占 3.86%、93.14%、3.00%，含量以山奈黄素为主，是槲皮素和异鼠李素含量总和的 13.58 倍。叶片中槲皮素、异鼠李素的平均含量明显高于花粉，分别是花粉的 7.281 倍和 7.289 倍，而花粉中的山奈黄素的含量明显高于叶片，达到 3.662 倍。

从总黄酮的含量来看，除了编号为 15、25、30、35、36、53、65、67、73、78、84、86 株系外，花粉中的含量均高于叶片。花粉中总黄酮的平均含量达到了叶片的 1.391 倍。

2.3 银杏雄株花粉黄酮类化合物含量的相关性状分析

对银杏雄株花粉的总黄酮含量与花序长宽比、花粉极赤比、花柄长、药囊数等形状指标的相关性分析见表 5.6，如表所示：花柄长与药囊数成显著负相关，花序长宽比与花粉 P/E 成极显著正相关，花粉的总黄酮含量与花柄长、药囊数、花序长宽比、花粉 P/E 值等性状指标无显著相关性。

表 5.6　银杏花粉总黄酮苷含量与相关性状指标的相关分析

	总黄酮苷含量	花柄长	药囊数	花序长宽比	极赤比
总黄酮苷元含量	1.000				
花柄长	0.072	1.000			
药囊数	0.138	−0.170*	1.000		
花序长宽比	0.058	0.207	−0.049	1.000	
极赤比	0.058	0.207	−0.049	1.000	1.000

叶片和花粉总黄酮含量相关分析见表 5.7。由表 5.7 可以看出，银杏雄株叶片和花粉的总黄酮苷含量呈现显著正相关，说明银杏雄株叶片的总黄酮苷含量高，则花粉中总黄酮含量也相应较高，反之亦然。

表 5.7　银杏雄株叶片和花粉黄酮类化合物含量的相关分析

	叶片黄酮含量	花粉黄酮含量
叶片黄酮含量	1.000	
花粉黄酮含量	0.927*	1.000

3 讨论

3.1 开展银杏花粉黄酮苷元指纹图谱研究的意义

银杏花粉中富含人体必需的蛋白质、氨基酸、维生素、脂类等多种营养成分以及类黄酮化合物及多种微量元素等生物活性物质，在国际上被称为“完全营养品”（王亚敏等，2005）。有效药用成分黄酮类化合物在抗氧化、消炎、抗肿瘤、降低血脂、胆固醇、预防心血管和治疗免疫缺陷等疾病，保护人类健康等方面都起着重要的作用（Moon et al.，2006；魏金文等 2007；Seufi et al.，2009）。近年来，对银杏花粉的研究方面大多集中在形态结构观察、发育特点、营养成分含量、生活力测定等方面（Friedman，1987；Mundry & Stutzel，2004；李维莉，2006；陆彦等，2009）。也有学者开展了银杏花粉类黄酮化合物含量等方面的研究（邢世岩等，1998b；鞠建明等，2003；李维莉等，2006；王国霞等，2007），多集中在提取方法、栽培模式等对黄酮含量的影响方面等，研究的取材大多是一般的银杏树种（株系），基本没有涉及优良株系的选择。

在多年雄株优良株系选择的基础上，本研究在银杏主产区江苏泰州、扬州、徐州初选了 86 优良株系株作为研究对象，评价雄株花粉中黄酮类化合物含量水平，开展花粉高黄酮含量银杏雄株系的选择，可以为银杏的综合开发奠定良好的基础。利用银杏花粉中特有的化学成分，建立银杏花粉的化学成分指纹图谱是银杏花粉研究的一个方向，因此，对银杏花粉特性进行系统和全面的研究也具有重要的现实意义（柳闽生等，2006）。

3.2 花粉的破壁方法

花粉表面有一层外壁，具有耐酸碱、耐压、耐温以及对消化酶有非常稳定的理化性质（凌裕平，2003），因此，花粉的生物利用率较低。为提高花粉的利用价值，花粉的破壁尤为重要。目前，花粉的破壁的常用方法主要有机械破壁法、温差法等，本研究参考玉米花粉的破壁方法（周顺华等，2002；曹龙奎等，2003)，经预备试验后，采用液氮 – 沸水温差法对银杏花粉进行提取前的破壁处理。郝功元等（2009b）通过比较匀浆机破壁、高压细胞破碎仪破壁、温差破壁、酶法破壁等 4 种破壁方法对银杏花粉的破壁效果，认为匀浆机破壁法优于其他破壁方法，并优选出匀浆机破壁的最佳工艺参数为：转速 15 000 r/min、花粉（g）与水（ml）的配比即料液比 1∶50、时间 10 min，破壁率达 99. 6%。

3.3 花粉中主要黄酮苷元的含量

本研究的测定结果显示，银杏花粉中主要黄酮苷元为山柰黄素，槲皮素和异鼠李素的含量相对较少，且株系间含量差异明显，最多的相差 3.48 倍，基本符合前文第二章孢粉学和第三章 ISSR 基础上银杏雄株多样性分析的结果。三种黄酮苷元平均含量比值为 1.4∶32.2∶1，这与王国霞等（2007）的研究结果基本一致。本研究所选银杏雄株花粉黄酮的平均含量达到了 25.31 $mg \times g^{-1}$ DW，明显大于王国霞和曹福亮（2007）研究的四个银杏主产区花粉总黄酮含量（20.44 $mg \times g^{-1}$ DW），比王开发（1997）研究的黑松花粉（ 2.0 $mg \times g^{-1}$ DW）、野菊花（5.9 $mg \times g^{-1}$ DW）和苹果花粉（1.2 $mg \times g^{-1}$ DW）及杨竞（2009）研究的油松花粉（15.5 $mg \times g^{-1}$DW）的黄酮含量高，相当于荞麦（王开发，1997）花粉（21. 8 $mg \times g^{-1}$ DW）和杜仲（龚明贵等，2008）花粉的黄酮含量（32.9 $mg \times g^{-1}$ DW）。说明银杏花粉的品质较高，可应用于保健品的开发。

本研究测定发现，银杏雄株花粉中总黄酮苷元的含量高于叶片，主要表现为山柰黄素含量较高，叶片和花粉两者间总黄酮苷元含量的相关系数为 0.927，呈显著正相关，说明银杏叶片和花粉黄酮类化合物含量变化的保持一致。李英华等（2005）

研究花粉中的黄酮类化合物有：黄酮醇、槲皮酮、山奈酚、杨梅黄酮、木樨黄素、异鼠李素、原花青素、二氢山奈酚、柚（苷）配基和芹菜（苷）配基等。邢世岩等（1998b）认为银杏花粉黄酮含量与花粉的生活力呈显著正相关，与树木年龄则呈显著负相关。王国霞（2007）研究认为银杏株系间花粉中维生素和氨基酸含量也存在显著差异，这有待于在优选的雄株中，统一生长条件，综合高生物活性物质和维生素、氨基酸等营养成分的综合性状，确定优良雄株。

附：银杏花粉高含量黄酮类化合物部分优选雄株的 HPLC 色谱图

2 号雄株

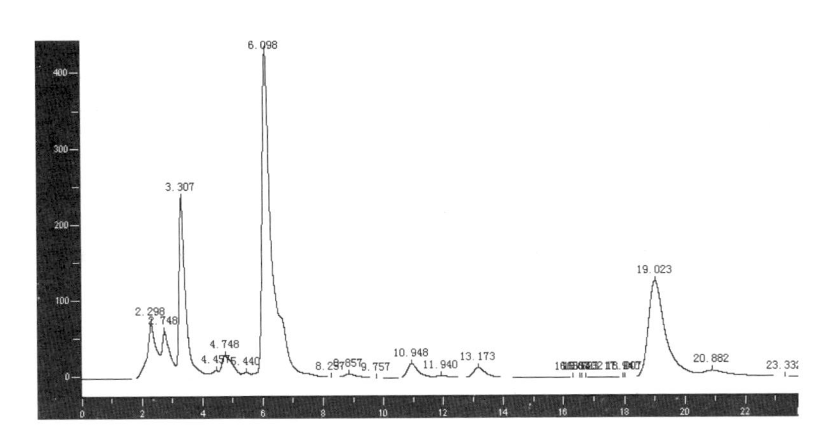

4 号雄株

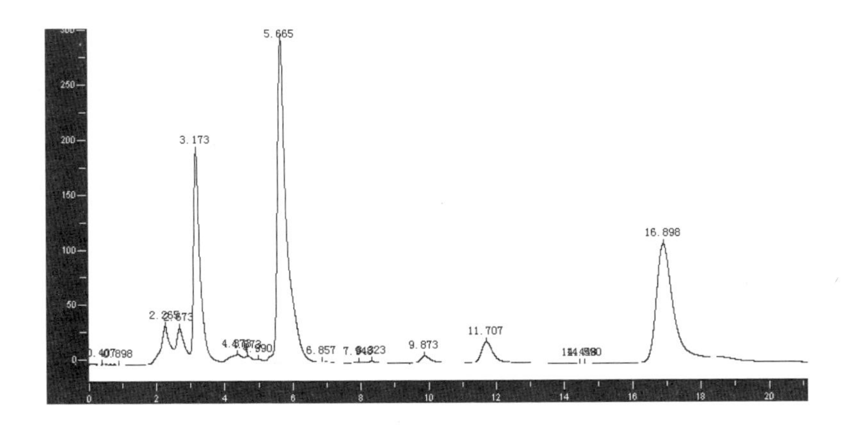

5 号雄株

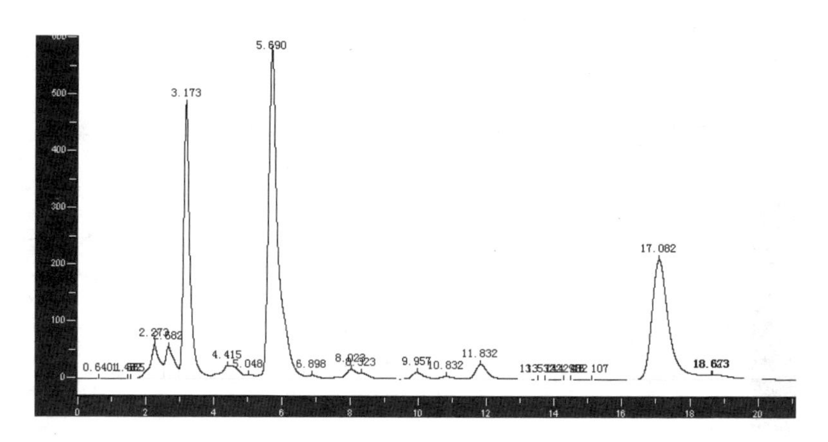
5.690
3.173
17.082
2.273
4.415
5.048
6.898
8.023
9.957
10.832
11.832
18.673

10 号雄株

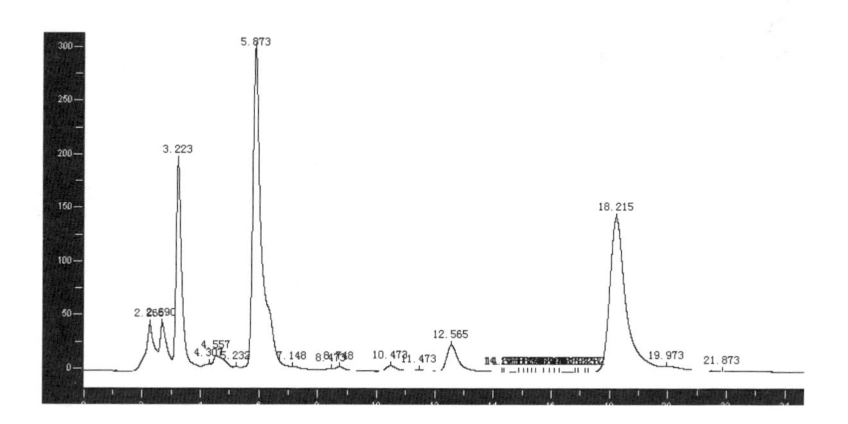
5.873
3.223
18.215
4.557
5.232
7.148
10.473
11.473
12.565
19.973
21.873

11 号雄株

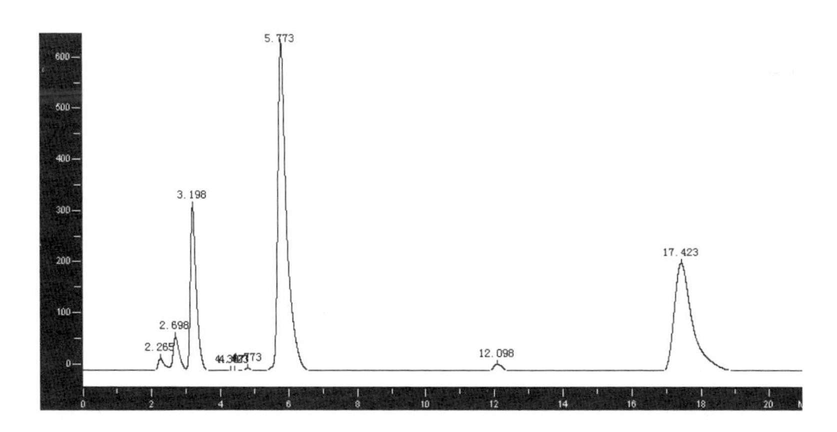
5.773
3.198
17.423
2.698
2.265
12.098
600
500
400
300
200
100
0
0
2
4
6
8
10
12
14
16
18
20

12 号雄株

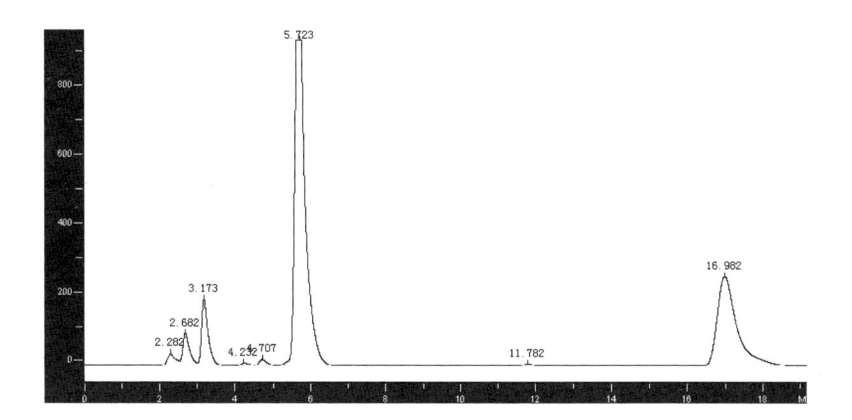
5.723
16.982
3.173
2.682
2.282
4.232
4.707
11.782
800
600
400
200
0
0
2
4
6
8
10
12
14
16
18

39 号雄株

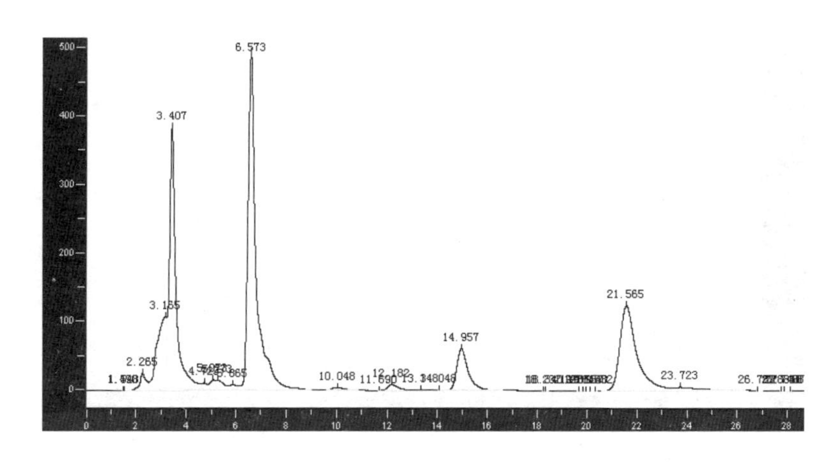
6.573
3.407
21.565
14.957
2.265
10.048
23.723
500
400
300
200
100
0
0
2
4
6
8
10
12
14
16
18
20
22
24
26
28

49 号雄株

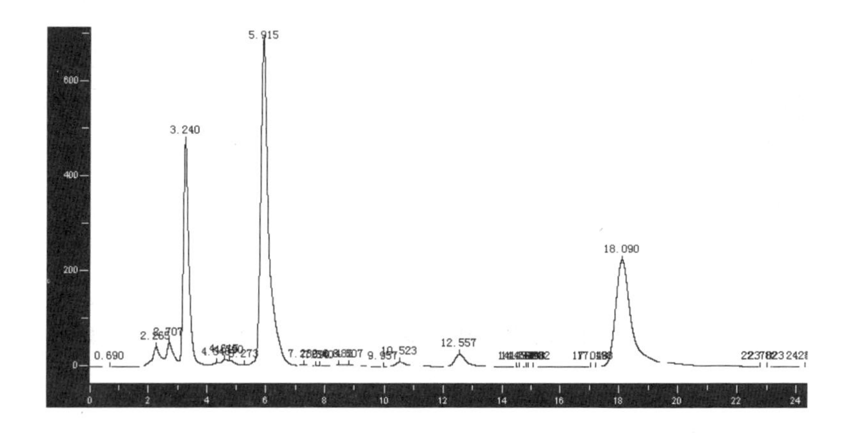
5.915
3.240
18.090
12.557
0.690
10.523
600
400
200
0
0
2
4
6
8
10
12
14
16
18
20
22
24

59号雄株

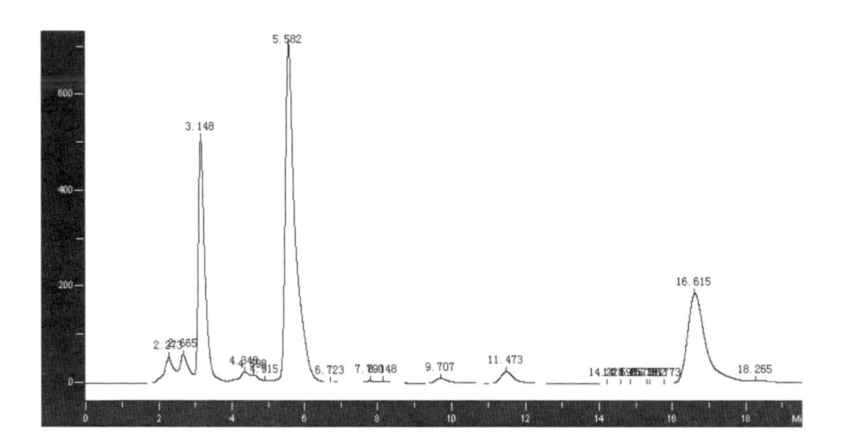
5.582
3.148
16.615
11.473
9.707
6.723
18.265
600
400
200
0
0
2
4
6
8
10
12
14
16
18

66号雄株

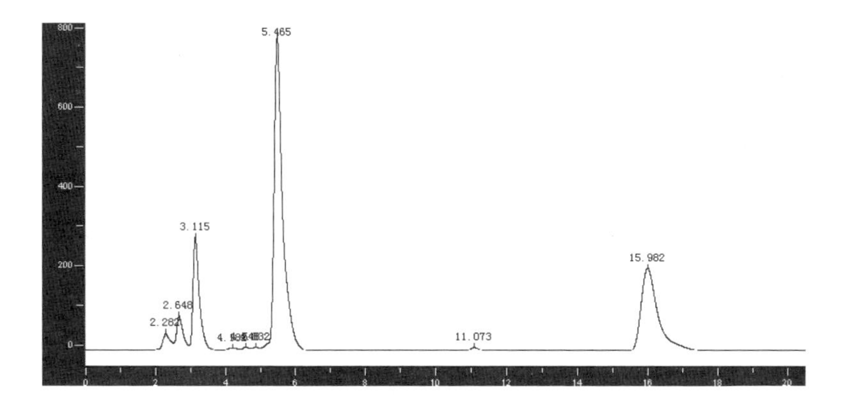
5.465
3.115
15.982
2.648
2.282
11.073
800
600
400
200
0
0
2
4
6
8
10
12
14
16
18
20

第六章　银杏雄株叶片银杏酸含量的分析

本章研究连续两年在不同时期采集扬州大学银杏种质资源圃生长条件一致的银杏雄株不同部位叶片，采用分光光度法分析了不同处理叶片的银杏酸的含量，旨在明确银杏酸的提取分离技术和检测方法及银杏雄株叶片银杏酸的变化规律，并优选出低酚酸成分的银杏雄株。结果显示，银杏雄株叶片银杏酸的含量 9 月 30 日、10 月 15 日的较高，7 月 30 日、8 月 15 日的较低；长枝叶片中酚酸类物质的含量低于短枝叶片的含量；本地区银杏雄株采叶应在 7 月底至 8 月上、中旬，此时的叶片中银杏酸的平均含量为 1.372%、1.361%；研究供试 9 株银杏雄株间叶片的银杏酸含量差异显著，58 号的银杏酸类含量为 1.404%，低于平均水平，可作为低酚酸银杏雄株供进一步试验研究，以决选出低酚酸银杏雄株。研究结果可为筛选低酚酸成分银杏叶用种质资源提供一定的理论依据和物质基础。

银杏叶含有多种维护人类健康的有效成分，已开发利用形成重要产业。近年来，我国一直以出口银杏叶或其粗提品为主 (陈鹏，2004)。银杏叶的主要成分是黄酮类（Ginkgolic Flavone Glycosides，GF）、萜内酯类（Ginkgolic Lactones，GL）等化合物（Mahadevan et al.，2008），还含有另一类具有重要生理活性的组分 – 酚酸类化合物（Jagg & koch，1997；Mahadevan &

Park，2008）。银杏酚酸是一类 C13–C19 的烷基取代酚酸类化合物，主要存在于银杏叶、果和外种皮中，其中以外种皮含量最高（仰榴青等，2002），包含白果酸（Ginkgolic acid）、氢化白果酸（Hydroginkgolic acid）、氢化白果亚酸（Hydroginkgolinic acid）和白果新酸（Ginkgoneolic acid）（张迪清和何照范，1999）。由于这类成分可能致过敏、致突变（Lepoittevin et al.，1989；Aggy & Koch，1997），具有胚胎毒性和细胞毒性等毒副作用（Baron–Ruppert & Luepke，2001；Hecker et al.，2002；Mahadevan & Park，2008），因此，银杏叶提取浸膏（GBE）中对其含量都有明确的限制。目前国际上公认的 GBE 质量标准为德国 Schwabe 公司（1991）专利所提出，要求黄酮含量高于 24%，内酯含量高于 6%，银杏酚酸类物质含量低于 10 ppm，甚至低于 5 mg/kg（Blementha，1997；Rimmer et al.，2007；Beek & Montorob，2009）。银杏酚酸类物质除了以上的特性之外，还具有强烈的杀虫（Kubo et al.，1986；陈盛霞等，2007；毛佐华 等，2007）、杀菌和抗病毒（Itokawa et al.，1989；Hisae & kube，1993；John & Cardellina，2002；林光荣等，2010）、抗肿瘤活性（Itokawa et al.，1987；He et al.，2002；Hisashi et al.，2003；许素琴等，2007），可治疗抑郁（Kalkunte et al.，2007），可以作为前列腺素生物合成抑制剂（Grazzini et al.，1991），具有抗痤疮的功效（Kubo et al.，1994；张秀丽，2007），可预防人体许多因高脂血症引起的疾病（Irie et al.，1996），能有效抑制艾滋病毒蛋白酶的活性（Lu et al.，2011）。

国内生产的 GBE 在黄酮和内酯这两种有效成分的含量一般已达标准，但在银杏酚酸含量的控制上却不尽如人意（梁光义等，2003）。孔玉霞等（2010）分析了成都、贵州、沈阳等国内厂家生产的GBE，银杏酸含量远远超过了国际标准（5 mg/kg），甚至达到了10至20倍。银杏酸含量未达标的产品，不但在国际市场上缺乏竞争力，降低经济效益，而且可能还会影响其药用安全性。

近年来，国内外学者开展了许多关于银杏酚酸的研究，大多集中在药效作用（Itokawa et al.，1987；Irie et al.，1996；杨小明等，2004；许素琴等，2007）及生长季节（吴向阳等，2003）、栽培模式、树龄（Mundry & Stutzel，2004；鞠建明等，2009，2010）对银杏酸含量影响等方面。银杏雌雄异株，王英强等（2001）的研究认为银杏雄株的叶片总黄酮均高于雌株。我国是银杏的原产地，在长期的演化过程中形成了丰富的雄株种质资源，银杏酚酸类含量优良雄株（系）选育方面的研究未见有报道。开展银杏雄株叶片酚酸类化合物含量研究，明确采叶期，培育适合要求的优良雄性株系，将为我国银杏种质资源的科学研究提供理论依据，为促进我国银杏产业的科学发展提供理论支持和技术支撑。

1 材料与方法

1.1 供试材料

供试材料选用前述种植在扬州大学银杏种质资源圃内的12年生的泰州株系，编号为56-64。2008-2009年，每年从6月15日到10月15日，每15日采样一次，每次从各株的长、短枝上随机采集叶片100片，参照程水源等（2004）的方法，杀酶、烘干、粉碎、过筛，低温、干燥器密闭保存。

1.2 仪器与试剂

1.2.1 仪器

微型植物粉碎机（9101 型）：北京市检测仪器公司；

超声波清洗器（KQ-500B）：昆山市超声仪器有限公司；

恒温箱（NC-303）：南京市长江电器有限公司；

旋转蒸发仪（RE-5299）：上海亚荣生化仪器有限公司；

水浴锅（SHA-C）：国华仪器有限公司；

多用循环水真空泵：上海亚荣生化仪器有限公司；

紫外检测器（SPD-10A）：日本岛津公司；

电热恒温鼓风干燥箱（DGG-9240A 型）：上海森信实验仪器有限公司；

高速冷冻离心机 (GL-21M)：长沙平凡仪器仪表有限公司；

石英亚沸高纯水整流器（SYZ-A）：江苏省金坛市荣华仪器制造有限公司。

1.2.2 试剂

药品：银杏酸（GA）标准品，购自上海同田生物有限公司。

试剂：乙醇、甲醇、石油醚、正已烷、冰醋酸、等试剂均为分析纯，氢氧化钠颗粒，水为双蒸水。

1.3 银杏雄株银杏酸类化合物的 UV 检测方法

1.3.1 银杏酸的提取分离

参照王延峰（2002）、仰榴青等（2004a）和鞠建明等（2010）的方法，精确称量银杏雄株叶片干粉 2 g，采用 80% 乙醇溶液，料液比为 1∶7，60 ℃，超声波提取两次，每次 30 min。合并两次提取液，过滤，减压浓缩至膏状，为粗提物 1。粗提物 1 用蒸馏水溶解，沉淀，静置冰箱过夜，离心，收集上清液，用正己烷 1∶2 萃取，萃取 3 次，正己烷油相中为银杏酸类化合物，真空减压回收正己烷相，用甲醇溶解，得到银杏酸化合物。

1.3.2 银杏酸类化合物的 UV 检测

标准曲线的绘制：精密称取银杏酸标样 5 mg，置于 100 mL 容量瓶中，以甲醇定容，得到 50 $\mu g \cdot ml^{-1}$ 银杏酸对照品溶液。精确吸取 0.5 ml、1 ml、2 ml、4 ml、8 ml，用甲醇定容于 50 ml 容量瓶，摇匀，得到 0.5 $\mu g \cdot ml^{-1}$、1 $\mu g \cdot ml^{-1}$、2 $\mu g \cdot mL^{-1}$、4 $\mu g \cdot ml^{-1}$、8 $\mu g \cdot ml^{-1}$ 系列标准溶液。以纯甲醇作对照，参照前人研究（吴向阳等，2002；仰榴青等，2004a），在波长 310 nm 处测定各溶液的吸光度。以吸光度为纵坐标，以银杏酸浓度为横坐标，绘制出标准曲线。得标准曲线方程为：

$$Y= 0.0928_x +0.0001,\quad R^2 = 0.9961$$

2 结果与分析

2.1 不同采叶期叶片中银杏酸的含量

不同采叶期银杏雄株叶片中银杏酸的含量见测量结果见表 6.1，各个采叶期的平均含量在 1.361%~1.583% 之间。从图 6.1 可知，6 月 15 日采样时，银杏酸的平均含量为 1.560%，随着银杏叶片的生长，银杏酸含量逐渐下降，含量较低的时期为 7 月 30 日、8 月 15 日，平均值仅为 1.372%，而后银杏酸的含量又开始上升。对测定结果方差分析，F 测验表明，区组间含量变化呈极显著差异。由表 6.2 多重比较结果可知，银杏酸含量较高的时期为 9 月 30、10 月 15 日。

表 6.1　银杏雄株叶片银杏酸含量（%）

日期	株号	长枝叶	短枝叶	日期	株号	长枝叶	短枝叶
	56	1.6961±0.0129	1.6916±0.0252	8-15	61	1.8458±0.0182	1.5906±0.0298
	57	1.5682±0.0342	1.7304±0.0311		62	1.5283±0.0112	1.4744±0.1938
	58	1.5680±0.0394	1.4854±0.0685		63	1.3295±0.0943	1.2830±0.0393
	59	1.7597±0.2513	1.7954±0.0478		64	1.2944±0.0147	1.3202±0.0220
6-15	60	1.4707±0.1452	1.5224±0.0171	8-30	56	1.6755±0.0022	1.4610±0.0384
	61	2.0149±0.4560	1.4906±0.0556		57	1.9072±0.2940	1.3756±0.0940
	62	1.3018±0.1789	1.3142±0.1156		58	1.2781±0.0483	1.2912±0.0385
	63	1.7600±0.1134	1.4870±0.0267		59	1.4023±0.0322	1.7380±0.0533
	64	1.5660±0.1167	1.5735±0.0936		60	1.5566±0.5840	1.4969±0.0441
	56	1.4321±0.0156	1.4308±0.0413		61	1.3833±0.0484	1.6703±0.0953
	57	1.4675±0.0357	1.6123±0.0831		62	1.5536±0.0483	1.4216±0.0421
	58	1.4677±0.0246	1.4371±0.0924		63	1.3461±0.4820	1.3011±0.0423
	59	1.5179±0.0875	1.3766±0.2951		64	1.7002±0.0332	1.3365±0.0184
6-30	60	1.4586±0.0371	1.3765±0.1478	9-15	56	1.2502±0.0432	1.4745±0.0381
	61	1.8154±0.1952	1.5196±0.1594		57	1.5078±0.0043	1.3213±0.0221
	62	1.3721±0.0268	1.5432±0.0074		58	1.2697±0.0219	1.5855±0.0139
	63	1.6227±0.1831	1.2792±0.0148		59	1.7120±0.0234	1.6388±0.0832
	64	1.4749±0.0147	1.5369±0.0983		60	1.3492±0.0442	1.9833±0.0194
	56	1.5030±0.0158	1.3625±0.0466		61	1.6512±0.0521	1.5924±0.0312
	57	1.3446±0.0145	1.4920±0.0254		62	2.1841±0.1730	1.4448±0.0308
7-15	58	1.3297±0.0213	1.4098±0.0351		63	1.4320±0.0108	1.4215±0.0312
	59	1.6118±0.0472	1.7063±0.0156		64	1.5048±0.0385	1.6512±0.0314
	60	1.2930±0.2471	1.7613±0.0149	9-30	56	1.2951±0.0441	1.6053±0.0241
	61	1.8507±0.0391	1.3517±0.0305		57	1.2879±0.0213	1.6439±0.0382
	62	1.4283±0.0436	1.3575±0.0302		58	1.3384±0.0422	1.4231±0.0241
	63	1.3799±0.1791	1.4928±0.0382		59	1.4379±0.0194	1.8434±0.0482
	64	1.5502±0.2350	1.7379±0.0229		60	1.6485±0.0142	1.7055±0.0241
	56	1.2714±0.0273	1.372±0.0389		61	1.9437±0.0229	1.8038±0.0322
	57	1.2583±0.0287	1.3202±0.0283		62	1.2928±0.1034	1.3895±0.0423
	58	1.4298±0.0238	1.3955±0.1221		63	1.5236±0.0732	1.5529±0.0498

续表

日期	株号	长枝叶	短枝叶	日期	株号	长枝叶	短枝叶
	59	1.4259±0.9221	1.3994±0.0382		64	1.3387±0.0152	1.2758±0.0482
7-30	60	1.4779±0.1235	1.4875±0.0229	10-15	56	1.3539±0.0329	1.7787±0.1039
	61	1.4666±0.0940	1.4779±0.3850		57	1.6270±0.0442	1.3878±0.0284
	62	1.4554±0.1938	1.4286±0.0394		58	1.4271±0.0304	1.6813±0.1028
	63	1.3156±0.1229	1.3079±0.1002		59	1.6276±0.0382	1.3278±0.0382
	64	1.3062±0.0397	1.2694±0.0384		60	1.6781±0.0309	1.8277±0.1039
	56	1.348±0.0028	1.3056±0.0124		61	1.3787±0.0493	1.6513±0.0284
	57	1.1962±0.4212	1.4423±0.1832		62	1.3482±0.0241	1.5515±0.0283
8-15	58	1.2753±0.0211	1.1790±0.1229		63	1.5411±0.1803	1.4327±0.0281
	59	1.3347±0.0294	1.2706±0.1671		64	1.3658±0.0392	1.5652±0.0382
	60	1.5651±0.1729	1.3841±0.0750	平均数		1.4923	1.4968
				CV		0.1305	0.1113

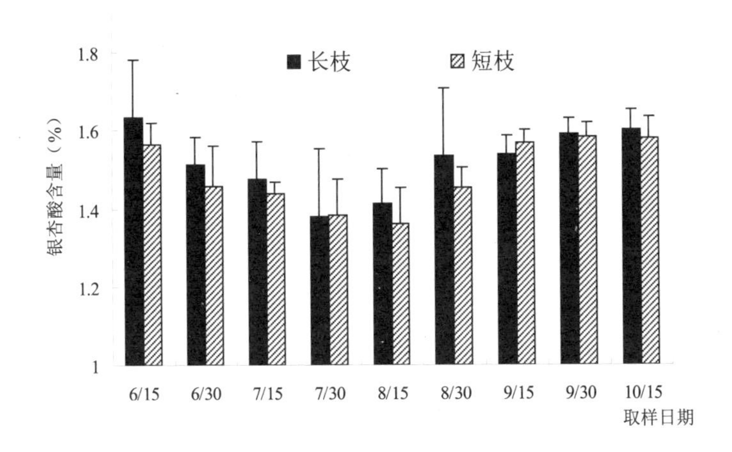

图 6.1 银杏雄株长短枝叶片不同采叶期银杏酸含量

表 6.2 银杏雄株叶片不同时期银杏酸含量的多重比较

Table 6.2 Comparisons of ginkgolic acid contents in leaves of male ginkgo plantsamong the different sampling date

取样时期 Sampling date	含 量 Content in leaf of ginkgo(%)	差异显著性测验	
		α =0.05	α =0.01
9 月 30 日	1.583	a	A
10 月 15 日	1.578	ab	AB
9 月 15 日	1.568	b	AB
6 月 15 日	1.566	b	AB
7 月 15 日	1.519	b	B
6 月 30 日	1.457	b	B
8 月 30 日	1.455	b	B
7 月 30 日	1.384	c	C
8 月 15 日	1.361	c	C

2.2 银杏雄株不同类枝条着生的叶片中酚酸类成分含量的差异

分别从银杏雄株长枝、短枝取叶片，依照上述方法，采用 UV 方法测定银杏酸含量。结果显示，雄株长枝银杏酸的含量在 1.37%~1.63% 之间，平均含量达到 1.50%，短枝的银杏酸含量在 1.36%~1.58% 之间，平均含量为 1.49%。虽然长枝的平均含量略高于短枝，但从统计分析来看差异不显著。

2.3 银杏酸含量较低的雄株优选

UV 测定结果显示，不同雄株叶片银杏酸平均含量在 1.404%~1.639% 之间，平均为 1.495%，方差分析表明，雄株间银杏酸含量呈极显著差异（表 6.3），多重比较得出（表 6.4），银杏酸含量较高的株系是 61 号，含量较少的株系是 58 号，平均含量仅有 1.404%，可作为低银杏酸含量优选株系。

若选择 58 号雄株系，结合本研究结果，在 7 月底至 8 月上、中旬采集叶片，银杏酸含量可以控制在 1.275%。

表 6.3　不同雄株间银杏酸方差分析

差异来源	平方和	自由度	均方	*F* 值
区组间	0.3689	8	0.0461	3.7037
株系间	0.3893	8	0.0487	3.9090
误差间	0.7968	64	0.0124	
总变异	1.555	80		

表 6.4　不同雄株间银杏酸含量多重比较

处理组合	叶片银杏酸含量	差异显著性	
		a =0.05	a =0.01
61	1.6388	a	A
60	1.5579	a	B
59	1.5514	c	C
57	1.4716	d	D
62	1.4661	e	E
64	1.4649	f	E
56	1.4615	f	E
63	1.4338	g	F
58	1.4040	h	G

3 讨论

3.1 叶片银杏酸含量的检测分析方法

银杏酸是水杨酸的衍生物，紫外分光光度法可用于银杏酸的含量测定，理论依据是 5 种银杏酸的结构很相似，它们都是水杨酸的衍生物，不同的只是 6 位的侧链碳原子数和双键数（仰榴青等，2002；仰榴青等，2004c）。仰榴青等（2004a）的研究认为，采用 UV 检测时，在 242 nm 和 310 nm 两个波长处测定的银杏酸含量都与 HPLC 法的测定结果接近。本研究采用 UV（310 nm 波长）检测银杏酸浓度。银杏酸常用的定量分析方法是高效液相色谱法，但高效液相色谱法所需仪器价格昂贵，且操作繁琐，分光光度法操作简单，可用于产品的快速定量分析（尹秀莲，2003）。将银杏酚酸的粗提物进行分离纯化后用 HPLC 进行检测，不但可定量检测，而且可定性检测出各银杏酸单体的量。就本研究来看，主要是优良株系的选择，并不需要掌握各单体的具体含量，所以采用相对简便的 UV 法进行检测。

3.2 叶片银杏酸的含量变化研究

本研究测定的叶片银杏酸含量在 1.271%~2.014% 之间，平均值为 1.492 %，与鞠建明（2010）采用 HPLC 测定江苏邳州银杏园内银杏叶中总银杏酸的含量（0.49%~3.43%）、仰榴青（2004c）测定的银杏酸的含量（1.05%）和赵月珍（2006）运用 HPLC 测定的银杏酸含量（0.07~0.17 mg/ 片）大致相当。仰榴青等（2004b）测定银杏外种皮银杏酸含量为 5.23%，田晓清等（2010）测定了银杏种核内银杏酸的含量，胚芽的含量最高达 64.415 μg/g，含量由高到低依次是内种皮、中种皮和胚乳，含量分别为 16.030 μg/g、5.277 μg/g、0.103 μg/g。本研究测定得到的叶片银杏酸含量介于银杏种核和外种皮之间。

吴向阳等（2002）、鞠建明等（2009，2010）先后分析了不同采集期银杏叶银杏酸的含量。吴向阳等（2002）的研究结果显示，江苏镇江的银杏叶的银杏酸含量与季节有关，4 月份时含量最高，为 1.48%，然后逐渐降低，5 月份至 7 月份的变化较小，7 月份后继续降低，到 9 月份时基本稳定，含量仅为 0.5%~0.6%；鞠建明等（2009，2010）的研究的结果与上述结果基本一致，也是 4 月份含量最高，逐月下降，9 月底 10 月初含量最低。将不同栽培模式相同采集时间的银杏叶总银杏酸量进行平均，则更能清晰地显示出这一变化趋势（2.51%~0.72%）。本研究的结果显示，银杏叶片生长初期银杏酸的含量较高，而后开始下降，至 8 月上、中旬时最低，而后又出现上升，至 9 月中旬趋于基本稳定，与上述结果并不完全一致。分析认为可能与本研究对象全部是雄株有关，这有待于进一步深入探讨。

鞠建明等（2009）的研究认为，银杏叶片银杏酸含量与银杏树龄相关，树龄大的含量较少，经过二次剪枝后银杏酸的含量有所增加，三年生移栽的银杏叶中总银杏酸量明显低于不移栽的。本研究未涉及这方面。从本实验的结果看，银杏长枝上的叶片和短枝上的叶片银杏酸含量有一定差异，但从统计分析看差异不显著。各项栽培措施对优选雄株叶片银杏酸含量的影响也有待于进一步研究。

第七章　本研究的主要结论与创新点

1. 本研究的主要结论

1.1 基于孢粉学分析的银杏雄株资源多样性

通过光学显微镜、扫描电镜和透射电镜观察银杏雄株的花粉，发现：（1）新鲜花粉呈球形或椭圆形，极轴长 19.93~25.63 μm，赤道轴长 27.65~33.97 μm，花粉形状指数（P/E）为 0.64~0.86，其 CV 分别为 4.87%、6.37% 和 6.72%；（2）干样花粉赤道面观呈银杏种核状，其极轴长 12.05~20.29 μm，赤道轴长 26.03~40.78 μm，花粉形状指数为 0.43- 0.56，其 CV 分别为 13.75%、13.26% 和 4.99%，其近极面萌发区呈沟状；（3）花粉表面纹饰主要呈现为四种类型：球珠镶嵌状、贝甲镶嵌状、线纹镶嵌状、弧纹镶嵌状；（4）银杏雄株花粉壁厚度为 0.861~1.076 μm，外壁厚度是内壁的 2~6 倍，雄株间上述各项性状指标存在显著或极显著差异；（5）以花粉粒极轴长、赤道轴长和 P/E 为指标，应用 DPS 进行聚类分析，经对花粉形状指数进行三元变量系统聚类分析，等级结合线 L1（6.47843）将 86 株雄株分为两组，结合花粉粒长宽的二维分布及其 SEM 和 TEM 的观察结果选用等级结合线 L2（3.01515），可以将 86 株雄株分为 4 组。

1.2 基于 ISSR 分子标记的银杏雄株资源多样性

利用 ISSR 分子标记技术分析扬州株系、泰州株系及徐州株系的 86 棵银杏雄株的遗传多样性。（1）采用改良 CTAB 法提取的银杏基因组 DNA 条带清晰、完整，迁移率与 λDNA 相当，应用正交试验设计 [$L_{16}(4^4)$] 筛选和优化，得到适于银杏 ISSR-PCR 分析的优化体系为：Taq 酶浓度 1.0 U、dNTP 浓度 0.2 mmol·L^{-1}、引物浓度最佳水平 0.4 μmol·L^{-1}、Mg^{2+} 浓度 2.5 mmol·L^{-1}；（2）经用 100 个 ISSR 引物分别对试材进行扩增，筛选得到 12 个扩增条带信号清晰的引物，筛选的 12 个引物对供试银杏雄株共扩增出 94 条 DNA 条带，其中多态性 DNA 条带 56 条，多态位点百分数（P）为 59.57%，每个引物扩增条带 5~11 条，片段大小为 200–2000 bp；（3）供试雄株的平均有效等位基因数（Ne）为 1.7149，平均基因多样度（H）为 0.3966，平均 Shannon's 信息指数（I）为 0.5771，具丰富的遗传多样性。供试银杏雄株的个体间的 Nei's 距离在 0.0443~0.9667 之间，利用最长距离法进行系统聚类分析，取阈值为 0.8234 时，可分为Ⅰ、Ⅱ两类，取阈值为 0.6342 时，可分为五类.研究表明，供试雄株的总遗传变异中有 10.48% 的变异存在于群体间，而群体内的遗传变异为 89.52%，明显高于银杏雄株群体间的遗传变异；（4）扬州、泰州、徐州三个地区株系银杏雄株群体的平均有效等位基因数（Ne）分别为 1.7199、1.5520、1.5916，平均基因多样度（H）分别为 0.3964、0.3066、0.3380，平均 Shannon's 信息指数（I）分别为 0.5760、0.4473、0.4964，其 Ne、H、I 的大小顺序完全一致，银杏雄株遗传多样性水平均为扬州株系 > 徐州株系 > 泰州株系。三个银杏雄株群体的基因流（Nm）为 4.2710，且群体间的遗传一致度也较高，说明群体间存在广泛的基因交流。

1.3 基于 HPLC 分析的银杏雄株叶片黄酮类化合物含量

采用正交试验设计优化银杏叶类黄酮提取条件，运用 HPLC 技术分析不同株系叶片黄酮的含量，采用三因子法计算总黄酮苷含量，结果如下：（1）乙醇溶液提取银杏雄株叶片黄酮类化合物的最佳提取组合是：料液比 1∶15，乙醇浓度 70%，超声提取时间为 40 min，提取温度 80 ℃，提取两次；（2）银杏雄株叶片黄酮类化合物从 4 月份 ~10 月份呈递增趋势。供试银杏雄株间的各黄酮苷元含量和总黄酮苷含量存在显著差异，叶片的槲皮素、山奈黄素和异鼠李素三种黄酮苷元的平均含量分别为 2.381 $mg \times g^{-1}$ DW、2.155 $mg \times g^{-1}$ DW 和 1.8515 $mg \times g^{-1}$ DW，三者的差异不明显，其总黄酮苷的含量为 15.99 $mg \times g^{-1}$ DW；（3）银杏雄株叶片的黄酮苷含量与叶片厚度、比叶重呈极显著正相关，其叶片厚度、比叶重可作为评价银杏叶片中黄酮类化合物含量水平的重要指标；（4）通过设定黄酮苷元和总黄酮含量的选择阈值，发现扬州有 5 个株系（04、05、12、39、49）、泰州有 4 个（59、66、68、74）、徐州有 2 个株系（80、85）符合叶用标准。

1.4 基于 HPLC 分析的银杏雄株花粉黄酮类化合物含量

运用 HPLC 分析不同株系花粉甲醇（乙醇）– 盐酸水解溶液中主要黄酮苷元的含量，采用三因子法计算总黄酮苷含量。结果如下：(1) 供试银杏雄株花粉的槲皮素、山奈黄素和异鼠李素三种黄酮苷元的含量差异较大，山奈黄素含量较高，且总黄酮苷元含量高于叶片，槲皮素、山奈黄素和异鼠李素三种黄酮苷元的平均含量分别为 0.327 mg×g^{-1} DW、7.891 mg×g^{-1} DW 和 0.254 mg×g^{-1} DW，总黄酮苷的含量为 15.99 mg×g^{-1}DW；（2）花粉的总黄酮含量与花柄长、药囊数、花序长宽比、花粉 P/E 值等性状指标无显著相关性，雄株叶片和花粉两者间总黄酮苷含量的相关系数为 0.9270，呈显著正相关；（3）通过设定黄酮苷元和总黄酮含量的选择阈值，发现扬州有 14 个株系（2、4、5、8、10、11、12、16、18、34、39、44、46、49）、泰州有 5 个株系（59、63、66、68、70）符合花粉用标准；（4）供试雄株中有 8 个株系的黄酮类化合物含量既符合叶片用标准，又符合花粉用标准，即扬州株系 04、05、12、39、49 和泰州株系 59、66、68。

1.5 银杏雄株叶片银杏酸含量的分析

采用分光光度法分析了不同采叶期、不同部位银杏雄株叶片银杏酸的含量变化规律，并优选出低酚酸成分的银杏雄株。结果显示：（1）银杏雄株叶片银杏酸的含量在 9 月 30 日、10 月 15 日较高，7 月 30 日、8 月 15 日较低；长枝叶片中酚酸类物质的含量略低于短枝叶片的含量，无显著差异；（2）本地区银杏雄株采叶应在 8 月上、中旬，此时的叶片中银杏酸的平均含量分别为 1.384%、1.361%；（3）供试 9 棵银杏雄株间叶片银杏酸含量差异显著，58 号的银杏酸类含量为 1.404%，明显低于平均水平，可作为低酚酸银杏雄株供进一步试验研究，以决选出低酚酸银杏雄株。

2 本研究的创新点

（1）本研究显著扩大了供试银杏雄株的群体量，增加了雄株个体的信息量，运用扫描电镜观察发现银杏雄株花粉表面纹饰呈现球珠镶嵌状、贝甲镶嵌状、线纹镶嵌状、弧纹镶嵌状等四种类型，对于初选的12个引物，运用ISSR分子标记技术对供试银杏雄株共扩增94条DNA条带，其中多态性DNA条带56条，多态位点百分数(P)为59.57 %，揭示了银杏雄株种质资源的多样性。

（2）建立银杏叶片和花粉黄酮类化合物分离、纯化、测定的体系，运用三因子法计算总黄酮含量，银杏雄株叶片黄酮含量自4月份至10月份持续上升，筛选了11个叶用优良株系、19个花粉用优良株系以及8个叶用和花粉兼用优良株系。

（3）采用分光光度计法检测银杏雄株叶片银杏酸的含量，7月30日、8月15日两个时间点的含量较低，供试9株银杏雄株间叶片的银杏酸含量差异显著，58的平均含量为1.404%，可作为低银杏酸雄株供进一步比较。

3 本研究的下一步打算：

（1）本研究运用ISSR分子标记技术，利用筛选的12个引物，扩增出的条带表现出了银杏雄株遗传层面上的多样性。结合优选的叶用和花粉用雄株，需要进一步筛选出与高含量活性物质的相关特异条带，开展转基因育种，强化银杏黄酮合成基因的定位克隆与转入，并培育出高药效成分的株系。

（2）黄酮类化合物含量是银杏叶及其EGB的主要质量指标之一。黄酮是次生代谢产物，在生物合成中需要关键酶基因表达并催化代谢。本研究选择的黄酮高含量株系是否能保持其稳定性，尚需进一步统一栽培措施、完善生长环境，进行综合比较。研究选择出的优良雄株品系，生产中也需要更加优化栽培条件和措施，提高其叶片产量，增加类黄酮化合物的含量。

参考文献

[1] 袁建国，邱英雄，余久华，等．百山祖冷杉的ISSR分析优化和遗传多样性初步研究[J]. 浙江大学学报(农业与生命科学版)，2005,31(3):277-282.

[2] 鲍露，徐昌杰，江文彬，等．葡萄AFLP技术体系建立及其在超藤与藤稔葡萄品种鉴别中的应用[J]. 果树学报，2005, 22(4):422-425.

[3] 毕泉鑫，金则新，李钧敏，等．枫香自然种群遗传多样性的ISSR分析[J]. 植物研究，2010，30(1):120-125.

[4] 蔡丹．四川桂花品种分类的花粉形态学研究[D]. 四川农业大学，2006.

[5] 蔡汝，陶俊，陈鹏．银杏雌雄株叶片光合特性、蒸腾速率及产量的比较研究[J]. 落叶果树，2000，32(1):14-16.

[6] 曹福亮，黄敏仁，桂仁意，等．银杏主要栽培品种遗传多样性分析[J]. 南京林业大学学报(自然科学版)，2005，29(6):1-6.

[7] 曹福亮．中国银杏[M]. 南京：江苏科学技术出版社，2002.

[8] 曹龙奎，张学娟，王景会，等．玉米花粉破壁方法试验研究—温差法与超微粉碎破壁方法研究[J]. 中国粉体技术，2003, 9(4):9-12.

[9] 陈鹏，何凤仁，余碧钰，等 . 银杏种核形状及其种仁成分的分析研究 [J]. 江苏农业研究 , 1999, 20(1):30– 33.

[10] 陈鹏，陶俊，周宏根，等 . 银杏雄株叶片类黄酮含量及其相关因子的变化研究 [J]. 扬州大学学报 (自然科学版)，2000, 3(4):40– 46.

[11] 陈鹏 . 弘扬银杏文化发展银杏产业 [M]. 北京：中国农业出版社 , 2004a.

[12] 陈鹏，何凤仁，钱伯林，等 . 中国银杏的种核类型及其特征 [J]. 林业科技 , 2004b, 40(3):66–70.

[13] 陈鹏 . 目前国内外银杏研究进展概况 [J]. 浙江林业科技 , 1991, 11(4):70–75.

[14] 陈鹏 . 银杏产品开发与市场拓展 [M]. 北京：山东科学技术出版社 , 2006a.

[15] 陈鹏 . 银杏产业的提升和可持续发展 [M]. 北京：中国农业科学技术出版社 , 2002.

[16] 陈鹏 . 银杏种核质量等级 [S]. 北京 : 中国标准出版社 , 2006b.

[17] 陈鹏 . 银杏资源优化配置及高效利用 [M]. 北京：中国农业出版社，2007.

[18] 陈鹏 , 陶俊 , 周宏根 , 等 . 银杏雄株叶片类黄酮含量及其相关因子的变化研究 [J]. 扬州大学学报 (自然科学版) , 2000, 3(4):40–43.

[19] 陈鹏，何凤仁，韦军，等 . 银杏种实丰产单株选优研究 [J]. 园艺学报，1997, 24(2):205–207.

[20] 陈鹏，周宏根 . 银杏雄花性状的研究 [J]. 江苏林业科技，2002, 29(1):19–21.

[21] 陈鹏．银杏：面向21世纪课程教材《园艺学概论》[M]. 北京：中国农业出版社，2004.

[22] 陈鹏．银杏集约化栽培及其产业技术开发的研究进展[J]. 全国第十次银杏学术研讨会论文集．北京：中国农业科学技术出版社，2002.

[23] 陈旭，李寿芬，付明磊．不同采集期银杏叶总黄酮含量变化[J]. 中药材，2000，23(8):439−440.

[24] 陈红斗，孙黎清，董自波．银杏叶总黄酮苷和萜内酯类化合物最佳提取工艺研究[J]. 制剂技术，2007,(3):47−48.

[25] 陈盛霞，杨小明，吴亮，等．银杏外种皮提取物杀灭钉螺效果的研究[J]. 中国寄生虫学与寄生生虫病杂志，2007，25(1)45−48.

[26] 陈秀珍．银杏叶不同生长期总黄酮的含量测定[J]. 广西植物（简报），1988，8(4):63−364.

[27] 陈学森，邓秀新，章文才．中国银杏品种资源染色体数目及核型研究初报[J]. 华中农业大学学报，1996, 15(6):590−593.

[28] 陈学森，张艳敏，李健，等．叶用银杏资源评价及选优的研究[J]. 园艺学报，1997a，24(3):215−219.

[29] 陈学森，章文才，邓秀新．树龄及季节对银杏叶黄酮与萜内酯含量的影响[J]. 果树科学，1997b, 14(4):226−229.

[30] 陈中海，陈晓静．雌雄异株果树的性别决定及性别鉴定的研究进展[J]. 福建农业大学学报，2000，29(4):429− 434.

[31] 程勤贤，陈鹏，何爱华．银杏种质资源分类研究综述[J]. 江苏林业科技，2007, 34(4):44− 46.

[32] 程水源，王燕，费永俊，等．提高银杏叶黄酮含量的措施及其调控机理的研究[J]. 果树学报，2004, 21(2):116−119.

[33] 程水源，王燕，李俊凯，等．银杏叶黄酮含量变化及分布规律的研究 [J]. 园艺学报，2001, 28(4):353−355.

[34] 程晓建．银杏雌雄株性别鉴别研究进展 [J]. 浙江林学院学报，2002, 19(2):217− 221.

[35] 程亚倩，陶月良，张锋，等．双波长吸光光度法测定植物中黄酮含量 [J]. 理化检验化学分册，2002, 38(1):21−22 ·

[36] 代红艳，张志宏，周传生，等．山楂 ISSR 分析体系的建立和优化 [J]. 果树学报，2007, 24(3):313−318.

[37] 盖钧镒．试验统计方法 [M]. 北京：中国农业出版社，2000.

[38] 甘玲，汤浩茹，黄晓莉．梨种类和品种鉴定研究进展 [J]. 园林园艺科学 2006, 5(5):302−307.

[39] 高丽，杨 波．春兰 ISSR−PCR 反应体系的优化 [J]. 华中农业大学学报，2006, 25(3):305−309.

[40] 葛永奇，邱英雄，丁炳扬，等．孑遗植物银杏群体遗传多样性的 ISSR 分析 [J]. 生物多样性，2003, 11(4):276 - 286.

[41] 龚明贵，张红梅，孙军杰，等．杜仲花粉黄酮含量测定的研究，农产品加工（学刊），2008, 148(9):71−72.

[42] 关锰，白成科，刘 娇，等．不同山茱萸种质资源形态和 ISSR 遗传多样性研究 [J]. 分子植物育种，2008，6(5):912−920.

[43] 管玉民，王健，尤慧莲，等．气候季节、树龄对银杏叶总黄酮含量的影响 [J]. 中成药，2000，22(5):368−370.

[44] 桂仁意．银杏主要栽培品种指纹图谱构建及遗传图谱构建研究 [D]. 南京林业大学，博士论文，2004.

[45] 郭芳彬．花粉的神奇妙用 [M]. 北京：中国农业出版社，2006.

[46] 郭彦彦．银杏雄株遗传多样性的 AFLP 分析 [D]. 硕士论文，山东农业大学，2006.

[47] 郝功元，吴彩娥，杨剑婷，等．银杏花粉粗多糖脱色工艺研究 [J]. 食品科学，2009a, 30(14):136–139.

[48] 郝功元，吴彩娥，李婷婷，等．银杏花粉不同破壁方法的比较分析 [J]. 南京林业大学学报（自然科学版），2009b, 33(4):81– 85.

[49] 郝明灼，曹福亮，张往祥，等．银杏不同雄株花粉外观形态的变异 [J]. 林业科技开发，2006, 20(5):53–55.

[50] 何凤仁．银杏的栽培 [M]. 南京：江苏科学技术出版社，1989.

[51] 侯华新，黎丹戎，黄桂宽，等．银杏叶多糖在肿瘤放射、化学治疗中的增敏作用研究 [J]. 广西医科大学学报，2005, 22(1):29–31.

[52] 胡钢亮，吕秀阳，罗玲，等．近红外光谱法同时测定银杏提取液中总黄酮和总内酯含量 [J]. 分析化学研究报告，2004, (32):1061–1063.

[53] 胡蕙露．银杏 N^+ 离子诱变相关育种效应研究 [J]. 安徽农业大学学报，1998，25(3):296– 299.

[54] 胡君艳，李 云，孙宇涵，等．银杏花粉生活力测定及贮藏方法的优化 [J]. 中国农学通报，2008，25(4):148– 153.

[55] 黄永高，熊作明，陶 俊，等．银杏雄株光合与蒸腾特性的研究 [J]. 扬州大学学报 (农业与生命科学版), 2006, 27(4):104–105.

[56] 江德安．叶用银杏品种黄酮含量的比较研究 [J]. 湖北农业科学，2004，(2):79–81.

[57] 姜静，杨传平，刘桂丰，等．桦树 ISSR-PCR 反应体系的优化 [J]. 生态学杂志，2003，22(3):91-93.

[58] 姜正旺，王圣梅，张忠慧，等．猕猴桃属花粉形态及其系统学意义 [J]. 植物分类学报，2004，42(3):245-260.

[59] 金凤，陈崇顺，邹爱兰，等．月季 ISSR 反应体系的优化 [J]. 江苏农业科学，2006，（1）：72-76.

[60] 鞠建明，段金康，钱大玮，等．不同栽培模式的银杏叶在不同生长季节中总黄酮醇苷和总内酯的含量变化 [J]. 药物分析杂志，2003, 23(3):195-199.

[61] 鞠建明，黄一平，钱士辉，等．不同树龄银杏叶在不同季节中总银杏酸的动态变化规律 [J]. 中国中药杂志，2009, 34(7):817- 810.

[62] 鞠建明，沈红，钱士辉，等．不同生长季节银杏叶中总银杏酸的动态变化研究 [J]. 中草药，2010, 41(2):305-307.

[63] 康素红，包满珠，陈龙清，等．梅花品种分类的花粉形态学研究 [J]. 园艺学报，1997, 24(2):170-174.

[64] 孔玉霞，李晨恺，王盼盼，等．银杏酸的定量分析方法研究 [J]. 辽宁大学学报 (自然科学版)，2010, 37(1):57-60.

[65] 李莉，田士林， 郑芳．银杏叶不同时期黄酮含量测定与比较 [J]. 安徽农业科学，2006, 34 (11):2370-2414.

[66] 李琳玲．银杏叶黄酮积累相关基因克隆及查尔酮合成酶基因启动子功能研究 [D]. 河北农业大学博士学位论文，2010.

[67] 李维莉，彭永芳，马银海，等．银杏花粉总黄酮提取工艺优化 [J]. 云南大学学报（自然科学版），2006, 28(S1):252-254.

[68] 李晓东，黄宏文，李建强．子遗植物水杉的遗传多样性研究 [J]. 生物多样性，2003，11(2):100-108.

[69] 李晓铁，邓荫伟，文桂喜．广西核用银杏良种选育和应用 [J]. 林业科技开发，2008，22(3):83−85.

[70] 李星学．植物界的发展和演化 [M]. 北京：科学出版社，1981, 138−142.

[71] 李英华，胡福良，朱威，等．我国花粉化学成分的研究进展 [J]. 养蜂科技，2005，(4):7−10.

[72] 李正理．关于银杏的形态解剖学及细胞学上的研究 [J]. 植物学报，1959, 8(4):262−269.

[73] 李正理．银杏的雌雄同株 [J]. 植物学报，1957, 6(3):189−193.

[74] 梁光义，罗波，武孔云，等．银杏叶中酚酸类化合物的研究 [J]. 中国药学杂志，2003, 38(3):178−179.

[75] 林协，张都海．天目山银杏种群起源分析 [J]. 林业科学，2004, 40(2):28− 31.

[76] 林协．银杏起源研究文献综述 [M]. 南京：东南大学出版社，2001.

[77] 林光荣，林清洪，胡维冀，等．银杏酸的分离、鉴定及对 5 种蔬菜病原真菌的抑制作用 [J]. 江西农业大学学报，2010, 32(3):498−503.

[78] 林万明 .PCR 技术操作和应用指南 [M]. 北京：人民军医出版社，1993:7−14.

[79] 凌裕平．银杏雄株花粉形态特征及超微结构观察 [J]. 园艺学报，2003, 30(6):712−714.

[80] 刘慧春．随州古银杏遗传多样性的 RAPD 及 ISSR 分析 [D]. 硕士学位论文，华中农业大学，2005.

[81] 刘俊梅，李岩，张红．银杏花粉的萌发及其内部微丝骨

架骨的研究 [J]. 农业生物技术学报，2001, 9(4):402- 408.

[82] 刘青林，陈俊愉 . 梅花亲缘关系 RAPD 研究初报 [J]. 北京林业大学学报，1999, 21(2):81−85.

[83] 刘叔倩，马小军，郑俊华 . 银杏不同变异类型的 RAPD 指纹研究 [J]. 中国中药杂志，2001, 26(12):822−825.

[84] 刘秀群 . 辽西中生代银杏目和茨康目植物生殖器官研究 [D]. 北京 : 中国科学院，2005.

[85] 柳闽生，陈晔，徐常龙 . 银杏叶有效成分的研究与资源的开发利用 [J]. 江西林业科技，2006，(2)：29−30.

[86] 龙春，高志强，宋仲容，等 . 银杏叶中有效成分的微波提取及抗氧化活性研究 [J]. 云南大学学报，2006, 28(S1):248−251.

[87] 卢圣栋 . 现代分子生物学技术 (第 2 版)[M]. 北京 : 中国协和医科大学出版社，1999:458−463.

[88] 鲁鑫焱，蒋惠娣，曾苏 . 黄酮类化合物在原代肝细胞上的代谢和药物相互作用研究进展 [J]. 药学学报，2006, 41(12):1130−1135.

[89] 陆彦，林明明，王莉，等 . 银杏花粉萌发生长与分枝式花粉管形成的观察 [J]. 电子显微学报，2009，28(5):426−432.

[90] 罗兰，袁忠林 . 银杏黄酮类化合物提取分离和分析方法研究进展 [J]. 莱阳农学院学报，2003, 20(4):258−260.

[91] 毛佐华，俞培忠，孙楷，等 . 银杏酸 5 种同系物单体的制备及其杀灭钉螺的作用 [J]. 中国寄生虫学与寄生虫病杂志，2007, 25(4):274−278.

[92] 莫昭展，曹福亮，符韵林 . 银杏雄株种质资源遗传多样性研究 [J]. 安徽农业科学，2007，35(26):8130−8133.

[93] 倪学文，吴谋成 . 银杏外种皮中银杏酚酸的提取及应用

研究 [J]. 湖北中医学院学报，2001, 3(4):22–25.

[94] 潘鸿，何新华，李一伟，等 . 广西野生杨梅资源遗传多样性的 ISSR 分析 [J]. 果树学报 , 2008, 25(3):353–357.

[95] 裴凌鹏，惠伯棣，金宗濂，等 . 黄酮类化合物的生理活性及其制备技术研究进展 [J]. 食品科学，2004, 25(2):203–207.

[96] 平瀨作五郎 . いてふノ精虫ニ就テ [J]. 植物学杂志 , 1896, 10:325–328.

[97] 钱大玮，段金廒，鞠建明，等 . 邳州银杏叶黄酮类成分分析 [J]. 时珍国医国药 , 2004, 15(7):387–388.

[98] 钱大玮，鞠建明，朱玲英，等 . 不同树龄银杏叶在不同季节中总黄酮和总内酯的含量变化 [J]. 中草药，2002, 33(11):1025–1027.

[99[] 钱关泽 . 苹果属植物分类学研究进展 [J]. 南京林业大学学报，2005, 29(3):94–98.

[100] 乔德奎 . 陕西银杏药用成分黄酮、内酯变异规律研究 [D]，西北农林科技大学硕士学位论文，2009.

[101 乔玉山，章镇，房经贵，等 . 李种质资源 ISSR 反应体系的建立 [J]. 果树学报，2003, 20(4):270–274.

[102] 上官小东，郎惠云，马亚军 . 原子吸收法间接测定银杏黄酮 [J]. 分析试验室，2004, 23(12):48–50.

[103] 上官小东，王党社 . $AlCl_3$——分光光度法测定银杏黄酮的含量 [J]. 宝鸡文理学院学报（自然科学版），2004, 24 (2):273–275 ·

[104] 沈永宝，施季森，赵洪亮 . 利用 ISSR DNA 标记鉴定主要银杏栽培品种 [J]. 林业科学 , 2005, 41(1):202–204.

[105] 石红旗，缪锦来，韩丽，等 . 银杏叶提取物中总黄酮测

定方法的研究 [J]. 食品科学 , 2002, 23 (4):105−107.

[106] 石玉平，王永宁，郭 珍 . 沙枣花中黄酮类化合物的提取 [J]. 南京林业大学学报：自然科学版 , 2005, 29(2):106−108.

[107 史继孔，何君，王发渝，等 . 银杏树龄、性别、繁殖、采叶期对叶片中黄酮、内酯含量的影响 [J]. 经济林研究，1998, 16(2):34−35.

[108] 宋国涛，马连宝，孟宪峰，等 . 银杏良种雄株选育研究 [J]. 江苏农业科学，2006，6：265−266.

[109] 孙婷 . 超临界法 CO2 萃取银杏叶黄酮及其含量测定的研究 [J]. 中国食品学报，2005,5(3):126−129.

[110] 孙明高 . 银杏半同胞家系苗期根皮过氧化物同工酶试验分析初报 [J]. 山东林业科技，2001,1:8−9.

[111] 覃子海，黄金使，刘海龙，等 . 桉树的 ISSR 反应体系建立及优化 [J]. 广西林业科学，2007，36(12):195−199.

[112] 谭晓风，胡芳名，黄晓光，等 . 银杏 RAPD 分子遗传图谱的构建 [J]. 林业资源管理，1998,(特刊):45−49.

[113] 汤艳 . 槲皮素对人卵巢癌 HO−8910 细胞增殖与凋亡的影响 [J]. 辽宁医学院学报，2008，29(2):131−133.

[114] 唐月异，张建成，王秀贞，等 . 花生栽培种基因组 DNA 及 EST 序列的 SNP 分析 [J]. 花生学报 ,2010,39(2):21−23.

[115] 陶俊，陈鹏，姜永平，等 . 银杏传粉对雌花生长及过氧化物酶同工酶的影响 [J]. 江苏农学院学报，1998,19(3):53−56.

[116] 陶俊，陈鹏，佘旭东 . 银杏光合特性的研究 [J]. 园艺学报，1999,26(3):157−160.

[117] 田晓清，王锡昌，吴文惠，等 . 高压液相色谱分析法测定大佛指银杏酚酸含量 [J]. 营养学报 ,2010,32(6):608−611.

[118] 汪岚，韩延闯，彭欲率，等 .ISSR 标记技术在莲藕遗传研究中的运用 [J]. 氨基酸和生物资源，2004,26(3):20−22.

[119] 汪贵斌，曹福亮，王峰，等 . 加热时间对银杏花粉制品特性的影响 [J]. 林业科技开发，200519(4):64−67.

[120] 王辉，周陈晨，冯云，等 . 银杏酸对口腔鳞癌多药耐药的影响 [J]. 华西口腔医学杂志，2010,28(6):668−672.

[121] 王杰，王连荣，祝树德，等 . 氢化白果酸对果树病原菌的抑制效果 [J]. 江苏农业研究，2000,21(4):48−50.

[122] 王进，何桥 , 欧毅 , 等 . 李种质资源 ISSR 鉴定及亲缘关系分析 [J]. 果树学报 ,2008,25(2):182−187.

[123] 王莉，陆彦，金飚，等 . 银杏雌雄配子体发育及胚胎形成的研究进展 [J]. 植物学报 ,2010,45(1):119−127.

[124] 王利，邢世岩，韩克杰，等 . 银杏雄株亲缘关系的 AFLP 分析 [J]. 中国农业科学，2006,39(9):1940 - 1945.

[125] 王利，邢世岩，王芳，等 . 银杏雌株种质遗传关系的 AFLP 分析 [J]. 林业科学，2008,44(4):48−53.

[126] 王燕，刘卫红，杜何为，等 . 底物、末端产物对离体银杏叶苯丙氨酸解氨酶活性的影响 [J]. 果树学报，2004,21(5):443−446.

[127] 王燕，张黎明 . 贮藏温度对银杏花粉生活力的影响 [J]. 湖北农学院学报，2002,22(3):213−215.

[128] 王进，何桥，欧毅，等 . 李种质资源 ISSR 鉴定及亲缘关系分析 [J]. 果树学报，2008,25(2):182−187.

[129] 王　靖，邹雨佳，唐华澄，等 . 高效液相色谱法 (HPLC) 测定银杏黄酮含量 [J]. 食品工业科技 ,2006,(3):184−186.

[130] 王宝娟，吉成均，胡东 . 银杏雄配子体发育的细胞学研

究 [J]. 西北植物学报，2005,25(7):1350−1356.

[131] 王成章，沈兆邦，高凌 . 银杏叶聚戊烯醇联合化疗肿瘤的药效研究 [J]. 林产化学与工业 ,2003,23(3):15−18.

[132] 王成章，沈兆邦，刘妤婵，等 . 银杏叶聚戊烯醇对小鼠免疫功能和诱导肿瘤细胞凋亡的研究 [J]. 林产化学与工业 ,2005,25(3):9−12.

[133] 王成章，沈兆邦，谭卫红 . 银杏叶生物活性物质及其标准研究现状 [J]. 林产化工通讯，2002,36(6):28−31.

[134] 王飞娟 . 银杏叶中黄酮类化合物的研究进展 [J]. 西北药学杂志，2010,25(2):155−156.

[135] 王凤芹，蒋可志，李祖光 . 银杏叶提取物中染料木素的分离纯化及结构鉴定 [J]. 色谱，2007,25(4):509−513.

[136] 王富荣，佟兆国，章镇，等 . 桃种质资源亲缘关系的研究进展 [J]. 植物遗传资源学报 ,2006，7(1):118−122.

[137] 王国霞，曹福亮，汪贵斌，等 . 不同地区银杏花粉黄酮和内酯含量的差异性 [J]. 南京林业大学学报（自然科学版），2007,31(3):33−38.

[138] 王国霞，曹福亮 .4 个银杏主要产区的银杏花粉营养成分比较研究 [J]. 浙江林业科技，2007,27(3):8−11.

[139] 王国霞，曹福亮，方炎明 . 古银杏雄株花粉超微形态特征类型 [J]. 浙江林学院学报，2010，27（3）：474−477.

[140] 王家保，杜中军，雷新涛，等 . 改良 CTAB 法提取番石榴叶片总 DNA[J]. 生物技术通讯，2006,17(5):757−759.

[141] 王宪曾 . 解读花粉 [M]. 北京：北京大学出版社，2005.

[142] 王小蓉，汤浩茹，邓群仙，等 . 中国树莓属植物多样性及品种选育研究进展 [J]. 园艺学报，2006,33(1):190−196.

[143] 王晓梅，宋文芹，刘松，等 . 利用 AFLP 技术筛选与银杏性别相关的分子标记 [J]. 南开大学学报，2001a,34(1):5−9.

[144] 王晓梅，宋文芹，刘松，等 . 与银杏性别相关的 RAPD 标记 [J]. 南开大学学报，2001b,34(3):116−117.

[145] 王晓梅 . 银杏雌雄基因 DNA 间的差异性分析 [J]. 细胞生物学杂志，2002，4(1):38−41.

[146] 王亚敏，汪洪捷，张卓勇 . 松花粉的红外光谱、扫描电镜和 X 射线能谱仪分析 [J]. 光谱学与光谱分析，2005,25(11):1797−1798.

[147] 王延峰，李延清，郝永红，等 . 超声法提取银杏叶黄酮的研究 [J]. 食品科学，2002,23(8):166−167.

[148] 王英强，梁红，冯颖竹 . 广东产银杏叶总黄酮含量变化 [J]. 中药材，2001,24(4):247−248.

[149] 魏春红，李毅 . 现代分子生物学实验 [M]. 北京：高等教育出版社 .2006.

[150] 魏金文，范钰，张尤历，等 . 槲皮素对胃癌细胞增殖的影响及机制探讨 [J]. 山东医药 ,2007,47(35):14−16.

[151] 温伟庆，陈友吾 . 银杏雌雄株过氧化物酶和过氧化氢酶活性差异研究 [J]. 福建林业科技 ,2002,29(2):34−39.

[152] 温银元，铁梅，王玉国，等 . 银杏雌雄株间多种同工酶和磷酸腺苷含量的差异 [J]. 山西农业科学 ,2008,36(6):84−85.

[153] 温银元，王玉国，尹美强，等 . 银杏试管苗的雌雄鉴别与调控 [J]. 核农学报，2010,24(1):31−35.

[154] 吴向阳，仰榴青，陈钧江，等 . 不同生长季节银杏叶中有毒成分银杏酸含量的测定 [J]. 食品科学，2002,23(12):94−98.

[155] 吴向阳，仰榴青，陈钧江，等 . 银杏酸单体制备及其抗

菌活性 [J]. 林产化学与工业，2003,23(4):17−21.

[156] 谢宝东，王华田 . 光质和光照时间对银杏叶片黄酮、内酯含量的影响 [J]. 南京林业大学学报：自然科学版，2006，30(2):51−54.

[157] 邢军，李友广，谢丽琼 . 黄酮类化合物—植物异黄酮的研究进展与展望 [J]. 新疆大学学报（自然科学版）,2006，23(2):207−2011.

[158] 邢世岩，郭彦彦，王　利，等 . 银杏种质遗传多样性研究评述 [J]. 经济林研究，2004,22(4):65−70.

[159] 邢世岩，倪国祥，张运吉，等 . 银杏叶数量性状的遗传分析 [J]. 林业科学，2000,36(5):40−53.

[160] 邢世岩，吴德军，邢黎峰，等 . 银杏叶药物成分的数量遗传分析及多性状选择 [J]. 遗传学报，2002,29:928−935.

[161] 邢世岩，有祥亮，李可贵，等 . 银杏雄株开花生物学特性的研究 [J]. 林业科学，1998a,34(3):51−58.

[162] 邢世岩，有祥亮，吴德军，等 . 银杏花粉黄酮含量测试分析报告 [J]. 山东林业科技，1998b,(3):22−23.

[163] 邢世岩，张思清，张友鹏，等 . 银杏种子数量遗传分析及多性状选择 [J]. 园艺学报，2001,28(3):223−229.

[164] 熊壮，曹福亮 . 银杏花粉研究进展 [J]. 林业科技开发，2010,24(4):6−10.

[165] 许明淑，邢新会，罗明芳，等 . 银杏叶黄酮的酶法强化提取工艺条件研究 [J]. 中国实验方剂学杂志，2006,12(4):2−4.

[166] 许素琴，吉　民 . 银杏酸单体的抗肿瘤活性研究 [J]. 中国中药杂志，2007,32(13):1365−1366.

[167] 岩奇文雄 [日], 白志华译 . 利用植物药效反应鉴别植物

雌雄性 [J]. 林业科技通讯，1986,6,35−36

[168] 阳志慧，张孝岳，李先信 . 果树花粉形态研究进展 [J]. 湖南农业科学，2009,(3):133−136.

[169] 杨竞，白明，郭丽梅，等 . 酶法提取油松花粉中黄酮类化合物的研究 [J]. 食品研究与开发，2009，30(10):54 — 59.

[170] 杨小明，陈钧，钱之玉，等 . 银杏酸抑菌效果的初步研究 [J]. 中药材，2002，25(9):651−653.

[171] 杨小明，钱之玉，陈钧，等 . 银杏外种皮中银杏酸的体外抗肿瘤活性研究 [J]. 中药材，2004,27(1):40−43.

[172] 仰榴青，吴向阳，陈钧 . 高效液相色谱法测定银杏外种皮中银杏酸的含量 [J]. 分析化学，2002,30(8):901−905.

[173] 仰榴青，吴向阳，陈　钧，等 . 银杏酸的分光光度法测定 [J]. 分析化学，2004a，32(5):661−664.

[174] 仰榴青，吴向阳，吴静波，等 . 银杏外种皮的化学成分和药理活性研究进展 [J]. 中国中药杂志，2004b,29(2):111−115.

[175] 仰榴青，吴向阳，陈钧 .HPLC 法测定白果中银杏酸的含量 [J]. 药物分析杂志，2004c,24(6):636−640.

[176] 尹秀莲，杨克迪，仰榴青，等 . 银杏外种皮中银杏酚酸的超临界 CO_2 萃取 [J]. 中药材，2003,26(6):428−429.

[177] 尹秀莲 . 银杏外种皮中银杏酸的分离技术研究 [D]. 江苏大学硕士学位论文，2003.

[178] 余艳，陈海山，葛学军 . 简单重复序列 (ISSR) 引物反应条件优化与筛选 [J]. 热带亚热带植物学报，2003,11(1):15−19.

[179] 余建国 . 银杏多糖对雏鸡肿瘤坏死因子 α 和 γ 干扰素产生的影响 [J]. 中国预防兽医学报 ,2006,28(5):596−598.

[180] 余立辉　张楚英　梁红，银杏 DNA 提取及 RAPD 分析

[J]. 生物技术通报，2006(2):81−84.

[181] 俞明亮，马瑞娟，沈志军，等 . 应用 SSR 标记进行部分黄肉桃种质鉴定和亲缘关系分析 [J]. 园艺学报，2010,37(12):1909−1918.

[182] 袁龙 . 高效液相色谱法测定银杏叶片剂中银杏黄酮含量 [J]. 西北药学杂志，2004,19(6):246.

[183] 苑可武，孟宪惠，徐文豪 . 银杏叶中黄酮含量的季节变化 [J]. 中草药，1997,28(4):211−212.

[184] 曾里，曾凡骏，王威，等 . 几种 HPLC 法测定银杏总黄酮的比影响因素 [J]. 中药材 ,2002,25(10):703−704.

[185] 张蕊，周志春，金国庆，等 . 南方红豆杉种源遗传多样性和遗传分化 [J]. 林业科学 ,2009,45(1):50−56.

[186] 张春秀，胡小玲，卢锦花，等 . 银杏叶黄酮类化合物的提取分离 [J]. 化学研究与应用，2001,13:454−456.

[187] 张迪清，何照范 . 银杏叶资源化学研究 [M]. 北京：中国轻工业出版社 ,1999.

[188] 张洪久，王敬勉 . 银杏叶挥发油的化学成分研究 [J]. 天然产物研究与开发 ,1999,11(2):62−65.

[189] 张建业，陈力耕，胡西琴，等 . 银杏 LEAFY 同源基因的分离与克隆 [J]. 林业科学，2002,38(4):167−170.

[190] 张丽艳，杨玉琴，蒋朝晖，等 . 贵州产银杏叶总黄酮营含量变化及影响因素 [J]. 中药材，2002,25(10):703−704.

[191] 张青林，罗正荣 .ISSR 及其在果树上的应用 [J]. 果树学报，2004，21(1):54−58.

[192] 张万萍，史继孔，樊卫国，等 . 银杏雄花芽的形态分化 [J]. 园艺学报 ,2001,28:255−258.

[193] 张万萍，何珺，史继孔 . 银杏雌雄花芽分化期内源多胺的变化 [J]. 浙江林学院学报，2002,19(4):391−394.

[194] 张文标，金则新，李钧敏，等 . 甜槠 ISSR−PCR 反应体系的正交优化 [J]. 浙江林学院学报，2006，23(5):516−520.

[195] 张小清，程宁，秦蓓，等 . 酶解 – 溶剂提取银杏叶活性成分工艺条件 [J]. 应用化工 ,2005,34(10):635−637.

[196] 张晓丹，马灵芝，邵碧霞 . 银杏叶总黄酮的研究进展 [J]. 中国心血管杂志，2006,11(5):385−387.

[197] 张秀丽，杨小明，夏　圣，等 . 银杏酸对痤疮致病菌的抑制作用 [J]. 江苏大学学报 (医学版)，2007,16(6):523−525.

[198] 张秀全，蒲风玲，潘桂珍 . 银杏叶在不同月份的水分和总黄酮含量测定 [J]. 中国中药杂志，1995，20(12):723−724.

[199] 张玉刚，郭绍霞 . 葡萄种质资源鉴定方法研究进展 [J]. 江西农业学报，2005,17(1):70−74.

[200] 张玉祥，邱蔚芬 .CO2 超临界萃取银杏叶有效成分的工艺研究 [J]. 中国中医药科技，2006a,13(4):255−256.

[201] 张玉祥，邱蔚芬 . 银杏叶超声波提取工艺研究 [J]. 时珍国医国药，2006b,17(5):784−785.

[202] 张云跃 , 马常耕 , 林睦就 , 等 . 我国银杏遗传变异研究之种核性状的群体间和群体内变异 [J]. 林业科学 ,2001,37(4):35−40.

[203] 张云跃，林睦就，马常耕 . 银杏叶中化学成分的遗传变异 [J]. 林业科学 ,2002,38(4):72−77.

[204] 张志红，黄　毅 . 银杏叶提取物中黄酮类化合物的分光光度分析研究 [J]. 分析试验室 ,2005,24(6):17−19.

[205] 张仲鸣，崔克明，李正理 . 银杏成熟花粉的形态、侧向萌发及其意义 [J]. 植物分类学报 ,2000,38(2):141−147.

[206] 张仲鸣．银杏精原细胞和精细胞的初步研究 [J]. 北京大学学报：自然科学版，1999,35(6):859–86.

[207] 赵杨，陈晓阳，李桐森，等．胡枝子属 ISSR–PCR 反应体系的建立与优化 [J]. 西南林学院学报，2006,26(2):6–10.

[208] 赵文飞，邢世岩，姜永旭，等．贮藏时间对银杏花粉保护酶活性和萌发率的影响 [J]. 武汉植物学研究 ,2004,22(3):259–263.

[209] 赵文飞．银杏雄株开花生物学特性研究 [D]. 硕士学位论文，山东农业大学，2004.

[210] 赵永艳，曹福亮，褚生华，等．银杏花粉特性的初步研究 [J]. 江苏林业科技，1997,24(3):68–91.

[211] 赵月珍，陈正收，徐瑾，等．银杏酸的分离与银杏叶制剂中银杏酸的含量测定 [J]. 中医药导报，2006,12(7):86–88.

[212] 周宏根，陈鹏，丁奎，等．银杏雄花性状的研究 [J]. 江苏林业科技，2002,29(1):19–21+28.

[213] 周俐宏，张金柱，李振，等．利用 ISSR 揭示不同类型月季遗传多样性 [J]. 基因组学与应用生物学，2009,28(2):311–315.

[214] 周顺华，陶乐仁，徐斐，等．用液氮淬冷法进行花粉破壁的实验研究 [J]. 上海理工大学学报，2002,24(3):232–236.

[215] 邹喻苹，葛颂，王晓东．系统进化植物学中的分子标记 [M]. 北京：科学出版社，2001:43–81.

[216]Sankar A A,Moore G A. Evaluation of inter–simple sequence repeat analysis for mapping in Citrus and extension of the genetic linkage map[J]. *Theor Appl* Genet,2001, 102:206–214.

[217]Aggy H, Koch E. Chemistry and biology of alkylphenols from *Ginkgo biloba*[J]. pharmazie, 1997, 52(10):735–738.

[218]AI C X, Zhang L S, Wei H R, et al. Study on the Genetic

Diversity of Natural Chestnut of Shandong by ISSR[J]. *Chinese Journal of Biotechnology*, 2007, 23(4):628−633.

[219]Andrew P, Michael G M. Changes in anthocyanin and phe−nolics content of grapevine leaf and fruit tissues treated with sucrose, nitrate, and abscisic acid[J]. *Plant Physiol*, 1976, 58(4):468− 472

[220]Annie Vincens, Anne−Marie L é zine, Guillaume Buchet, et al. African pollen database inventory of tree and shrub pollen types[J]. *Review of Palaeobotany and Palynology*. 2007, 145:135− 141.

[221]Ansgar Arenz, Klein Matthias, Fiedhe Katrin, et al. Occurance of neurotoxic 4'−O−methmy lpyridoxine in Ginkgo biloba Leaves, Ginkgo Medication and Japanese Ginkgo Food[J]. *Planta Medica*, 1996, 62(6):548−551.

[222]Arnau G, Lallemand J, Bourgoin M. Fast and roliable straw−berry cultivar identification using inter simple sequence repeat (ISSR) am plification[J]. *Euphytica*, 2003, 129:69−71.

[223]Artmann G, Land Smann B, Lila, et al. Change of RBC−stiffness and Relaxation−time in Diabetic and Non−dia−betic Poad Patients During Treatment with Ginkgo Biloba Extract EGB 761[J]. *Biorheology*, 1995, 32:387.

[224]Audran J C, Masure E. La sculpture et l' infrastructure du sporoderme de *Ginkgo biloba* compar é es à celles des enveloppes polliniques des cyccadales[J]*Review of Palaeobotany and Palynology*, 1978,26(5):363−387.

[225]Baliutyte G, Baniene R, Trumbeckaite S, et al. Effects of *Ginkgo biloba* extract on heart and liver mitochondrial functions:−mechanism(s) of action[J]. *Journal of Bioenergetics and Biomembranes*, 2010, 42(2):165−172.

[226]Banerjee S, Rao A R. Promoting action of cashew nut shell

oil in DMBA-initiated mouse skin tumour model system[J]. *Cancer Letters*, 1992, 62(2):149- 152.

[227]Baron-Ruppert G, Luepke N P. Evidence for toxic effects of alkylphenols from *Ginkgo biloba* in the hen' s egg test[J]. *Phyto-medicine,* 2001, 8:133- 138.

[228]Basha S D, Francis G, Makkar H P S, et al. A comparative study of biochemical traits and molecular markers for assessment of genetic relationships between Jatropha curcas L. germplasm from different countries [J]. *Plant Science*, 2009, 176(6):812-823.

[229]Beek T A, *Ginkgo biloba*[M]. Harwood, Amsterdam, 2000, 7-8.

[230]Beek T A, Montorob P. Chemical analysis and quality control of *Ginkgo biloba* leaves, extracts, and phytopharmaceuticals[J]. *Journal of Chromatography A*, 2009,1216(11):2002-2032.

[231]Beek T A. Chemical analysis of *Ginkgo biloba* leaves and extracts[J]. *Journal of Chromatography A*, 2005, 967(1):21-25.

[232]Beek T V, Scheeren H A, Melger W C. Determination of ginkgolides and bilobalide in *Ginkgo biloba* leaves and phyto-pharmaceuticals[J]. *Journal of Chromatography*, 1991, 543:375- 387.

[233]Beek V T A. Chemical analysis of *Ginkgo biloba* leaves and extracts[J]. *Journal of Chromatography A*, 2002, 967(1):21- 55.

[234]Bernatoniene J, Majiene D, Peciura R, et al. The Effect of *ginkgo biloba* extract on mitochondrial oxidative phosphorylation in the normal and ischemic rat heart[J]. *Phytother Res*,2011, 24. doi:10.1002/ptr.3399[Epub ahead of print].

[235]Bingrui Wang, Weiguo Li, Jianbo Wang. Genetic diversity of altemanthera philoxeroides in China[J]. *Aquatic Botany*, 2005, 81:277- 283.

[236]Blackmore S, Barnes S H. Pollen wall development in angiosperms—In:microspores:evolution and ontogeny[M], London :Acad. Press, 1990:173–192.

[237]Blementha M. German government limitas Ginkgolic acid levels in Ginkgo leaf extracts[J]. *Herral Gram*. 1997, 41:29–30.

[238]Bouvier F, Rahier A, Camara B. Biogenesis, molecular regulation and function of plant isoprenoids[J]. *Progress in Lipid Research,* 2005, 44:357–429.

[239]Braquet P, Touqui L, Shen T Y, et al. Perspectives in Platelet Activating Factor Research[J]. *Pharmacol Rev*,1987, 39(2):97.

[240]Brown D M, Kelly G E, Husband A J. Flavonoid compounds in maintenance of prostate health and prevention and treatment of cancer[J]. *Molecular Biotechnology*, 2005, 30(3):253–270.

[241]Camacho F J, Liston A.Population structure and genetic diversity of Botrychium pumicola (ophioglossaceae) based on ISSR[J]. *American Journal of Botany*, 2001, 8 (6):1065–1070.

[242]Chen P, He F R, Yu B Y, et al. Seed stone shape at the relative components in the kernel of *Ginkgo biloba*[J]. Forestry Studies in China, 1999, 1(1):42–47.

[243]Chen Peng, He Fengren, Tao Jun et al. Female plant types of *Ginkgo biloba* L. in China[J]. *Forestry Studies in China*, 2003, 5(2):17–22.

[244]Cheng B, Wang W, Lin L, et al. The Change of the Spinal Cord Ischemia–Reperfusion Injury in Mitochondrial Pass way and the Effect of the *Ginkgo biloba* Extract' s Preconditioning Intervention[J]. *Cell Mol Neurobiol*, 2010, 10, PMID:21153434, [Epub ahead of print].

[245]Cheng H, Li L, Cheng S, et al. Molecular cloning and

function assay of a chalcone isomerase gene (GbCHI) from *Ginkgo biloba*[J]. *Plant Cell Reports*, 2011, 30(1):49–62.

[246]Cheng S Y, Feng Xu, Yan Wang. Advances in the study of flavonoids in *Ginkgo biloba* leaves[J]. *Journal of Medicinal Plants Research*, 2009, 3(13):1248–1252.

[247]Davis T M, Mcgowan P J. Template mixing:a method of enhancing detection and interpretation of Co dominant RAPD markers[J].*Theor Appl Genet*, 1995, 91(4):582–588.

[248]Debnath S C. Inter–simple sequence repeat(ISSR)–PCRan–alysis to assess genetic diversity in a collection of wild cloudberry (Rubus chamaemorus L.) clones[J]. *Journal of Horticultural Science & Biotechnology*, 2007, 82(5):727– 732.

[249]Ding S, Dudley E, Plummer S, et al. Fingerprint profile of *Ginkgo biloba* nutritional supplements by LC/ESI–MS/MS[J]. *Phytochemistry*, 2008, 69:1555–1564.

[250]Dubber M J, Kanfer I. High–performance liquid chromato–graphic determination of selected flavonols in *Ginkgo biloba* solid oral dosage forms[J]. J. *Pharm. Pharmaceut Sci.* 2004,7:303–309.

[251]Earl H Newcomer. Pollen Longevity of Ginkgo[J]. *Bulletin of the Torrey Botanical Club*, 1939, 66(2):121–123.

[252]Erdtman G. Handbook of palynology[M]. NewYork: Hafner Publishing Co., 1969.

[253]Esmaillzadeh A, Azadbakht L. Dietary flavonoid intake and cardiovascular mortality[J]. *British Journal of Nutrition*, 2008, 100:695–697.

[254]Fan Xiao–Xia, Shen Lang, Zhang Xin, et al. Assessing Genetic Diversity of *Ginkgo biloba* L. (Ginkgoaceae) Populations From China by RAPD Markers[J]. *Biochemical Genetics*, 2004, 42,

(7/8):269– 278.

[255]Fang D Q , Krueger R R, Roose M L. Phylogenetic; relationships among seleceted citrus germplasm accessions revealed by inter–simple seqnence repeat(ISSR) markers[J]. *J Amer Soc Hort Sci* .1998 123(4):612–617.

[256]Farlowa M R, Millerb M L, Pejovicb V,Treatment options in alzheimer’ s disease:maximizing benefit, managing expectations[J]. *Dement Geriatr Cogn Disord*. 2008, 25:408–422.

[257]Friedman W. Growth and development of the male game–tophyte of *Ginkgo biloba* within the ovule(in vivo) [J]. *Amer J Bot*. 1987a, 74(12):1797– 1815.

[258]Friedman W. Morphogenesis and experimental aspects of growth and development of the male gametophyte of *Ginkgo biloba* in vitro[J]. *Amer J Bot*.1987, 74:1816–1830.

[259]Gaspero D G, Cipiriani G, Marrazzo M T, et al. Isolation of (AC) n–microsatellite in Vitis vinifera L. and analysis of genetic background in grapevines under marker assisted selection[J]. *Molecular Breeding*, 2005, 15:11–20.

[260]George J, Kuttan R Mutagenic, carcinogenic and cocar–cinogenic activity of cashewnut shell liquid[J]. *Cancer Letters*, 1997, 112(1):11–16.

[261]Gifford E M, Li N J. Light microscope and ultrastructure studies of the male gametophyte in *Ginkgo biloba*:The spermatogenous cell[J]. *American Journal of Botany*, 1975, 62:974–981.

[262]Gong W, Chen C, Dobes C, et al. Phylogeography of a living fossil:pleistocene glaciations forced *Ginkgo biloba* L. (Gink–goaceae) into two refuge areas in China with limited subsequent postglacial expansion[J]. *Molecular Phylogenetics and Evolution*, 2008,

48(3):1094–1105.

[263]Gong Y, Liao Z, Guo B, et al. Molecular cloning and expression profile analysis of *Ginkgo biloba* DXS gene encoding 1–Deoxy–D–xylulose 5–Phosphate Synthase, the first committed enzyme of the 2–C–Methyl–D–erythritol 4–Phosphate Pathway[J]. *Planta med*, 2006, 72:329–335.

[264]Goossens L, Deweer S, Pommery J, et al. Spectroscopic study of uorescent peptides for prenyl transferase assays[J]. *J Pharm Biomed Anal*.2005, 37(3):417–422.

[265]Grazzini R, Hesk D, Heininger E, et al. Inhibition of lipoxygenase and prostagil and in endoperoxide synthase by anacardic acids[J]. *Biochem Biophys Res Commun*, 1991,176:775–780.

[266]Hao G, Du X, Zhao F, et al. Fungal endophytes–induced abscisic acid is required for flavonoid accumulation in suspension cells of *Ginkgo biloba*[J]. Biotechnology Letters, 2010, 32(2):305–314.

[267]Haruki K. Tracing the parentages of some orientalhybrid lily cultivars by PCR–RFLP analysis[J]. *J Japan Soc.Hort Sci*. 1998, 67:352–359.

[268]Hasler A, Sticher O. High–performance liquid chromato–graphic determination of five widespread flavonoid aglycones[J]. *Journal of Chromatography*, 1990, 508:236–240.

[269]Hasler A, Sticher O. Identification and determination of the flavonoids from Ginkgo biloba by high–performance liquid chroma–tography[J]. *Journal of Chromatography*, 1992, 605(1):41–48.

[270]Hasnaoui N J, Messaoud M, Chibani J, et al. Molecular Polymorphisms in Tunisian Pomegranate (Punica granatum L.) as Revealed by RAPD Finger prints[J].Diversity, 2010, 2, 107–114.

[271]Hausen B M. The sensitizing capacity of ginkgolic acids

in guinea pigs[J]. *American Journal of Contact Dermatitis*, 1998, 9(3):146–148.

[272]He J R, Xie B J. Reversed–phase argantation high–performance liquid chromatography in phytochemical analysis of ginkgolic acids in leaves from *Ginkgo biloba* L.[J]. *J Chromatogr A*, 2002, 943:303.

[273]Hecker H, Johannisson R, Koch E, et al. In vitro evaluation of the cytotoxic potential of alkylphenols from *Ginkgo biloba* L.[J]. *Toxicology*. 2002, 177(2–3):167–77.

[274]Heim K E, Tagliaferro A R, Bobilya D J. Flavonoid anti–oxidants:chemistry, metabolism and structure–activity relationships[J]. *Journal of Nutritional Biochemistry*, 2002, 13(10):572–584.

[275]Hend B T, Ghada B, Sana B M, et al. Genetic relatedness among Tunisian plum cultivars by random amplified polymorphic DNA analysis and evaluation of phenotypic characters[J]. *Scientia Horticulturae*, 2009, 121(4):440–446.

[276]Hesse M. Cytology and morphogenesis of pollen and spores[J]. *Progress in Botany*, 1991, 52:19–34.

[277]Hirase S. Spermmatozoid of *Ginkgo biloba*[J]. *Botanical Magazine*,1896, 10:325–328. (in Japanese).

[278]Hisae M, Kubo I. Bactericidal activity of anacardic acids against Streptococcus mutarsand their potentiation [J]. *J Agric Food Chem*. 1993,411780–1783.

[279]Hisashi K, Susan T. Weintraub, et a1. An anxiolytic–like effect of *Ginkgo biloba* Extractand its constituent, ginkgolide–A, inmice[J]. *J Nat Prod.* 2003, 66(10), 1333.

[280]Hoon H, Staba E. Singhjasbir J. Supercritical fluid chromatographic analysis of polymorphic in Ginkgo biloba L.[J]. *J*

Chromatogr, 1992, 600 (2):364–369.

[281]Huang J C, M.Sun.Genetic diversity and relationships of sweet Potato and its wild relatives in Ipomoea series Batatas(Con–volvulaceae) as revealed by inter–simple sequence repeat(ISSR) and restriction analysis of chloroplast DNA[J]. *Theor Appl Genet*.2000, 100:1050–1060.

[282]Ibata K, Mizunom, Takigawa T. Long–chain betu–laprenol–type polyprenols from the leaves of *Ginkgo biloba[*J]. *Biochem.*1983,213:305–311.

[283]Inec C. Analysis of 6–hydroxy kynurenic acid in Ginkgo biloba L.[J]. *Planta Medica*, 1998, 64(6):566–570.

[284]Irie J, Murata M, Homa S.Glycerol–3–phosphate Dehy–drogease Inhibitors, Anacardic Acids, from *Ginkgo biloba*[J]. *Biosci Biotech Biochem* , 1996, 60(20):240–243.

[285]Itokawa H, Totsuka N, Nakahara K, et al. A quantitative structure–activity relationship for antitumor activity of long–chain phenols from *Ginkgo biloba* L.[J]. *Chem Pharm Bull (To–kyo),*1989,37(6):1619–1621.

[286]Itokawa H, Totsuka N, Nakahara K, et al. Antitumor principles from *Ginkgo bilobal* L.[J]. *Chemical and Pharmaceutical Bulletin*, 1987, 35(7):3016– 3020.

[287]Jacobs P M, Browner W S. Ginkgo biloba L.:a living fossil[J]. *American Journal of Medicine*, 2000, 108(4):341–342.

[288]Jaggy H, Koch E. Chemistry and biology of alkylphenols from *Ginkgo biloba* L.[J]. *Die Pharmazie,* 1997, 52(10):735–738.

[289]Jiang L, You R L, Li M X, et al. Identification of a sex–as–sociated RAPD marker in *Ginkgo biloba*[J]. *Acta Botanica Sinica*, 2003,45(6):742–747.

[290]Jin Shuguang, Tang Tian, Zhong Yang, et al. Variation in inter-simple sequence repeat (ISSR) in mangrove and non-mangrove populations of Heritiera littoralis (Sterculiaceae) from China and Australia[J]. *Aquaic Botany*, 2004, 79:75- 86.

[291]Johanna H A, VanKonijnenburg-Van Cittert. In situ gymnosperm pollen from the middle Jurassic of Yorkshire[J]. *Acta Bot Neerl.* 1972, 20(1):1-77.

[292]John H, Cardellina. Challenges and opportunities confront-ing the botanical dietary supplement industry[J]. *J Nat Prod*, 2002, 65(7):1073-1084.

[293]Josef K. Water-soluble polysaccharides from *Ginkgo biloba* leaves[J]. *Phytochemistry*, 1991, 30(9):3010-3017.

[294]Kalkunte S S, Singh A P, Chaves F C, et al. ntidepressant and antistress activity of GC-MS characterized lipophilic extracts of *Ginkgo biloba* leaves[J]. *Phytotherapy Research*, 2007, 21(11):1061 - 1065.

[295]Kim S M, Kim S U. Characterization of 1-hydroxy-2-methyl-2-(E)-butenyl-4-diphosphate synthase (HDS) gene from *Ginkgo biloba*[J]. *Mol Biol Rep*, 2010, 37(2):973-979.

[296]Kishimoto S, Aida R, shibata M. Identification of chloroplast DN variations by PCR-RFLP analysis in Dendranthema[J]. *J Japa SocHort Sci*, 2003, 72(3):197-204.

[297]Kubo I, Kinst-Hori. I, Yokokama Y, et al. Tyrosinase inhibitors from Anacardium occidentale fruits[J]. *J Nat Prod*, 1994, 57:545-551.

[298]Kubo I, Komatsu S, Ochi M. et al. Molluscicides from the cashew Anacardium occidentale and their large-scale isolation[J]. *J Agric Food Chem*, 1986, 34:970-973.

[299]Kubo I, Mujo K, Keizo N, et al. Protaglandin synthetase

inhibitors from the African medicinal plant ozoroa mucronata[J]. *Chemistry Letters*, 1987, 16(6):1101–1104.

[300]Kubo I, Muroi H, Kubo A. Structural functions of antimi-crobial long-chain alcohols and phenols[J]. *Bioorganic & Medicinal Chemistry*, 1995, 3(7):873– 880.

[301]Kubo I, Ochi M, Vieira P C, et al. Antitumor agents from the cashew (Anacardium occidentale) apple juice[J]. *Journal of Agricultural & Food Chemistry*, 1993, 41(6):1012–1015.

[302]Kuddus R H, Kuddus N N, Dvorchik I. DNA polymor-phism in the living fosil *Ginkgo biloba* L. from the Eastern United States[J]. *Genome*, 2002, 45:8–12.

[303]Kvacek J, Falon–Lang H J，Daskov á D. A new late cretaceous ginkgoalean reproductive structure Nehviz dyella gen.nov. from the Czech Republic and its whole plant reconstruction[J]. *Am J Bot*, 2005, 92:1958 – 1969.

[304]Kyung S O, Kyung H H, Stephen B R, et al. Molecular Cloning, Expression, and Functional Analysis of a cis–Prenyltransferase from *Arabidopsis thaliana*[J]. *The Journal of Biological Chemistry*, 2000，275(24):18482–18488.

[305]Lu J, Yao Q, Chen C. Ginkgolic Acid Inhibits HIV Protease Activity And Controls HIV Infection In Vitro[J]. *Journal of Surgical Research*, 2011, 165(2):174–176.

[306]Lanham P G. Genetic characterication of gooseberry germ-plasm using RAPD, ISSR and AFLP markers[J]. *J Hort Sci & Biotec* ,1999, 74(3):361–366.

[307]Larson B M H, Barrett S C H. A comparative analysis of pollen limitation inflowering plants[J]. *Biological Journal of the Linnean Society*, 2000, 69:503–520.

[308]Lee J S, Cho Y S, Park E J, et al. Phospholipase Cgammal inhibitory principles from the sarcotestas of *Ginkgo biloba*[J]. *The Journal of Natural Products*, 1998, 61(7):867–871.

[309]Lepoittevin J P, Benezra C, Asakawa Y. Allergic contact dermatitis to *Ginkgo biloba* L.:relationship with urushiol[J]. *Arch. Dermato.l Res*. 1989, 281(4):27–230.

[310]Li H. L. Gingko–the maiden hair tree[J]. *American Horti–cultural Magazine*, 1961, 40:239–249.

[311]Li L, Cheng H, Peng J, et al. Construction of a plant expression vector of chalcone synthase gene of *Ginkgo biloba* L. and its genetic transformation into tobacco[J]. *Frontiers of Agriculture in China*, 2010, 4(4):456–462.

[312]Li X M, He XY, Zhang L H, et al. Influence of elevated CO_2 and O_3 on IAA, IAA oxidase and peroxidase in the leaves of ginkgo trees[J]. *Biologia Plantarum*, 2009, 53(2):339–342.

[313]Liao L, Liu J, Dai Y, et al. Development and application of SCAR markers for sex identification in the dioecious species *Ginkgo biloba* L.[J]. *Euphytica*, 2009, 169(1):49–55.

[314]Litt M, Luty J A. A hypervariable microsatellite revealed by in vitro amplification of dinucletide repeats within the cardiac mulscle actin gene[J]. *Am J Hum Genet*, 1989, 44:397–401.

[315]Liu X Q, Li C S, Wang Y F, et al. The pollen cones of Ginkgo from the Early Cretaceous of China and their bearing on the evolutionary significance[J]. *Bot J Linn Soc*, 2006, 152:133–144

[316]Lobstein A, Rietsch–Jako L, Haag–Berrurier M, et al. Seasonal Variations of the Flavonoid Content from *Ginkgo biloba* Leaves[J]. *Planta Med*. 1991, 57(5):430–433.

[317]Lon S, Schneider M D. *Ginkgo biloba* Extract and Prevent–

ing Alzheimer Disease[J]. *JAMA*. 2008, 300(19):2306– 2308.

[318]Lu J, Yao Q, Chen C. Ginkgolic Acid Inhibits HIV Protease Activity And Controls HIV Infection In Vitro[J].*Journal of Surgical Research*, 2011, 165(2):174–176.

[319]Lu X, Liu L, Gong Y, et al. Cultivar identification and genetic diversity analysis of b*roccoli and its related species with RAPD and ISSR markers[J].* Scientia Horticulturae, 2009,122(4):645–648.

[320]Luis G, Luisa M C,Cristina MO.Phenetic characterization of plum cullivars by high multiplex ratio markers:amplified fragment length polymorphisms and inter–simple sequence repeats[J]. *J Timer Soc Hort Sci*, 2001, 126(1):72–77.

[321]Luisa M C, Luis G, Cristina O. ISSR analysis of cultivars of pear and suitability of molecular markers for clono discerimination[J]. *Amer Soc Hort Soi,* 2001, 126(5):517–522.

[322]Ma jie, Zhao yang. *Ginkgo biloba*:the precious qualities of a "fossil" tree Child' s Nervous System[J]. *Child' s Nervous System*, 2009, 25(7):777–778.

[323]Mahadevan S, Park, Y. Multifaceted Therapeutic Benefits of *Ginkgo biloba* L.:Chemistry, Efficacy, Safety and Uses[J]. *J Food Sci*, 2008, 73(1):14–19.

[324]Mahadevan S，Park Y，Park Y. Modulation of cholesterol metabolism by *Ginkgo biloba* L. nuts and their extract[J]. *Food Research International*，2008, 41(1):89–95.

[325]Mar C, Bent S. An evidence–based review of the 10 most commonly used herbs[J]. *West J Med*, 1999, 171(3):168–71.

[326]Marcus M, Thomas S. Morphogenesis of leaves and cones of male short–shoots of Ginkgo biloba L.[J]. *Flora*, 2004, 199:437– 452.

[327[Mashayekh A, Pham D L, Yousem D M, et al. Effects of

Ginkgo biloba on cerebral blood flow assessed by quantitative MR perfusion imaging:a pilot study[J]. *Neuroradiology*, 2011, 53(3):185–191.

[328]Meston C M, Alessandra H R, Michael J. T. Short– and Long–term Effects of *Ginkgo biloba* extract on sexual dysfunction in women[J]. *Archives of Sexual Behavior*, 2008, 37(4):530–547.

[329]Moon Y J, Wang X, Morris M E. Dietary flavonoids: Effects on xenobiotic and carcinogen metabolism[J]. *Toxicology in Vitro*, 2006, 20(2):187–210.

[330]Moreno S, Marlin J P, Ortiz J M. Inter–simple sequence repeats PCR for characterzation of closely grapevine germplasm[J]. *Euphytica*,1998,101:117–125.

[331]Mundry M, Stutzel T. Morphogenesis of leaves and cones of male short–shoots of *Ginkgo biLoba* L.[J]. *Flora*, 2004, 199(5):437–452.

[332]Napryeyenko O, Borzenko I. Ginkgo biloba special extract in dementia with neuropsychiatric features:A randomised, place–bo–controlled, double–blind clinical trial[J]. *Arzneimittel– Forschung/ Drug Research*, 2007, 57(1):4–11.

[333]Nei M, WH. L. Mathematical model for studying genetic variation in terms of restriction end on cases[J]. Proceedings of the National Academy of Sciences of the United States of America, 1979, 76:5269–5273.

[334]Norrtog J K, Gifford E M, Stevenson D W. Comparative development of the Spermatozoids of Cycas and *Ginkgo biloba*[J]. *The Botanical Review, 2004*, 70:5–15.

[335]Nowicke J W, Ridgway J E. Pollen studies in the genus Cordia (Boraginaceae)[J]. *Am J Bot*,1973, 60:584– 591.

[336]Oyama Y, Fuchs P A, Katayama N, et al. Myricetin and quercetin the flavonoid constituents of Ginkgo biloba extract greatly reduce oxidative metabolism in both resting and Ca^{2+}-loaded brain neurous[J]. *Brain Res*.1994, 635(1-2):125-129.

[337]Peter D T, Lin H, Yang G. The Gingko of Tlan Mu Shan[J]. *Conservation biology*, 1992, 4:202-209.

[338]Peter Del Tedici. Ginkgo and people — a thousand years of interaction[J]. *Arnoldia*, 1991, 51(2):2-15,

[339]Petra N, Gudrun M , Wim W, et al. Protective and detrimental effects of kaempferol in rat H4IIE cells:implication of oxidative stress and apoptosi[J]. *Toxicol Appl Pharmacol*, 2005, 209(2):114-122.

[340]Pollock E G. The sex chromosome of the maiden hair tree[J]. *Journal of Heredity*, 1957, 48(6):290-294.

[341]Popova E V, Lee E J , Wu C H, et al. A simple method for cryopreservation of *Ginkgo biloba* callus[J]. *Plant Cell Tiss Organ Cult*, 2009, 97:337- 343.

[342]Potter D, Gxo FY, Aiello G, et al. Intersimple sequence repeat markers for fingerprinting and determining genetic relationships of walnut(Juglans,regia)cultivars[J]. *J Amcr Soc Hort Sci*,2002,127(1):75-81.

[343]Qiu M, Xie R, Shi Y, et al. Isolation and identification of two flavonoid-producing endophytic fungi from *Ginkgo biloba* L.[J]. *Annals of Microbiology*, 2010, 60(1):143-150.

[344]Ramos S, Alia M, Bravo L, et al. Comparative effects of food-derived polyphenols on the viability and apoptosis of a human hepatoma cell line (HepG2)[J]. *Journal of Agricultural and Food Chemistry*, 2005, 53(4):1271-1280.

[345]Rania J bir, N é jib Hasnaoui, Messaoud Mars, et al. Char-

acterization of Tunisian pomegranate (Punica granatum L.) cultivars using amplified fragment length polymorphism analysis[J]. *Scientia Horticulturae*, 2008, 115(3):231–237.

[346]Rimmer C A, Howerton S B, Sharpless K E, et al. Characterization of a suite of ginkgo–containing standard reference materials[J]. *Analytical and Bioanalytical Chemistry*, 2007, 389 (1):179–196.

[347]Robert P A, Andrea E. Schwarzbach R, et al. The concordance of terpenoid, ISSR and RAPD markers, and ITS sequence data sets among genotypes:an example from Juniperus[J]. *Biochemical Systematics and Ecology* , 2003, 31:375–387.

[348]Rodryguez–Concepcion M, Boronat A. Lucidation of the methylery thritol phosphate pathway for isoprenoid biosynthesis in bacteria and plastids:A metabolic milestone achieved through genomics[J]. *Plant Physiol*, 2002, 130:1079– 1089.

[349]Roh M S, Cheong E J, Choi I Y, et al. Characterization of wild Prunus yedoensis analyzed by inter–simple sequence repeat and chloroplast DNA[J]. *Scientia Horticulturae*, 2007, 114(2):121–128.

[350]Rohlf, F J. NTSYS–pc numerical taxonomy and multivariate analysis system[M]. Version 2.02. *New York:Exeter Publications Setauket.* 1998.

[351]Rothwell G W, Holt B. Fossils and phenology in the evolution of Ginkgo biloba.In:Hori T,Ridge R W,Tulecke W,Tredici P D,Tremouillaux–GuillerJ,TobeH(eds)Ginkgo bilobal — a global treasure. *Tokyo:Springer*. 1997, 223– 230.

[352]Santamour F S, He S A, McArdle A J, et al. Checklist of cultivated Ginkgo[J].*Journal of Arboriculture*, 1983, 9(3):88– 92.

[353]Satyan K S, Jaiswal A K, Ghosal S, et al. Anxiolytic activity

of ginkgolic acid conjugates from Indian *Ginkgo biloba*[J]. *Psycho-pharmacology*, 1998, 136(2):148-152.

[354]Schaeffner I, Petters J, Aurich H, et al. Amicrotiter-plate-based screening assay to assess diverse effects on cytochrome P450 enzyme activities in primary rathepatocytes by various compounds[J]. *Assay Drug Dev Technol*, 2005, 3:27-38.

[355]Schneider L S. Ginkgo biloba extract and preventing Alzheimer disease[J]. *Jama,* 2008, 300(19):2253-2262.

[356]Schwabe K P. Extrakt aus blatten von *Ginkgo biloba*, verfahren zur scine herstellung und dcn extrakt enthaltende arzneimittel[P]. DE:3940092, 1991, 41-43.

[357]Seufi A M, Ibrahim S S, Elmaghraby T K, Preventive effect of the flavonoid, quercetin, on hepatic cancer in rats via oxidant/antioxidant activity:molecular and histological evidences[J]. *Journal of Experimental and Clinical Cancer Research*, 2009, 28:80.

[358]Seward A C. The story of the maidenhair tree[J]. *Science Progress*, 1938, 32:420- 440.

[359]Shen L, Chen X Y, Zhang X, et al. Genetic variation of *Ginkgo biloba* L. (Ginkgoaceae) based on cp DNA PCR-RFLPs:inference of glacial refugia[J]. *Heredity*, 2005, 94(4):396- 401.

[360]Shimada T, Yamamoto T, Hayama H, et al. A genetic linkage map constructed by using an intraspecific cross between peach cultivars grown in Japan[J]. *Japan Soc Horl Sci*. 2000.69:536-542.

[361]Shuguang Jian, Tian Tang, Yang Zhong, et al. Variation in inter-simple sequence repeat (ISSR) in mangrove and non-mangrove populations of Heritiera littoralis (Sterculiaceae) from China and Australia[J]. *Aquatic Botany*, 2004, 79(1):75-86.

[362]Cheng Shui-Yuan, Feng Xu, Yan Wang. Advances in the

study of flavonoids in *Ginkgo biloba* leaves[J]. *Journal of Medicinal Plants Research*, 2009, 3(13):1248–1252

[363]Skribanek A, Solvmosi K, Hideg E, et al. Light and temperature regulation of greening in dark–grown Ginkgo[J]. *Physiol Plant*, 2008, 134(4):649–659

[364]Smith J V, Luo Y. Studies on molecular mechanisms of *Ginkgo biloba* extract[J]. *Appl Microbiol Biotechnol*, 2004, 64:465–472.

[365]Song H, Liu D, Chen X, et al. Change of season–specific telomere lengths in *Ginkgo biloba* L.[J]. *Mol Biol Rep*, 2010, 37(2):819–824.

[366]Song H, Liu D, Li F, et al. Season–and age–associated telomerase activity in *Ginkgo biloba* L.[J]. *Mol Biol Rep*, 2011, 38:1799–1805.

[367]Swetha M, Yooheon P, Yeonhwa P. Modulation of cholesterol metabolism by *Ginkgo biloba* L. nuts and their extract[J]. *Food Research International,* 2008, 41:89 - 95.

[368]Takeshi N, Reiji I, Hachiro I, et al. Scavenging capacities of pollen extracts from Cistus ladaniferus on autoxidation, superoxide radicals, hydroxil radicals, and DPPH radicals[J]. *Nutrition Research*, 2002, 22:519–526.

[369]Tang D, Yang D, Tang A, et al. Simultaneous chemical fingerprint and quantitative analysis of *Ginkgo biloba* extract by HPLC–DAD[J]. *Anal Bioanal Chem*, 2010, 396:3087–3095.

[370]Tao Lu, Xingyuan He, Wei Chen, Kun Yan et al. Effects of Elevated O3 and/or Elevated CO2 on Lipid Peroxidation and Anti–oxidant Systems in *Ginkgo biloba* Leaves[J]. *Bulletin of Environmental Contamination and Toxicology*, 2009, 83(1):92–96.

[371]Thimmappaiah, Santhosh W G, Shobha D, et al. Assessment of genetic diversity in cashew germplasm using RAPD and ISSR markers[J]. *Scientia Horticulturae*, 2009, 120(3):411- 417.

[372]Tian Y M, Tian H J, Zhang G Y, et al. Effects of *Ginkgo biloba* extract (EGb 761) on hydroxyl radical-induced thymocyte apoptosis and on age-related thymic atrophy and peripheral immune dysfunctions in mice[J]. *Mechanisms of Ageing and Development*, 2003, 124(8/9):977-983.

[373]Tralau H. Evolutionary trends in the genus ginkgo[J]. *Lethaia*, 1968, 1(1):63 - 101.

[374]Tredici D P. Ginkgo and people a thousand years of interaction[J]. *Arnoldia*, 1991, 51(2):2-15.

[375]Tsumura Y, Ohaba K. The genetic diversity of isozymes and the possible dissemination of *Ginkgo biloba* in ancient times in Japan. In:Hori T:Ridge R W, Tuleeke W, et al. Ginkgo biloba-a global treasure. *Tokyo:Spinger-Verlag*. 1997, 159-172.

[376]Vaughn K C, Renzaglia K S. Structural and immunocyto chemical characterization of the *Ginkgo biloba* L. sperm motility apparatus[J]. *Protoplasma*, 2006, 227 (2-4) :165- 173.

[377]Villasenor-Garc í a M M, Lozoya X, Osuna-Torres L, et al. Effect of *Ginkgo biloba* extract EGb 761 on the nonspecific and humoral immune responses in a hypothalamic-pituitary-adrenal axis activation model[J]. *International Immunopharmacology*, 2004, 4(9):1217- 1222.

[378]Vincens A, L é zine A M, Buchet G, et al. African pollen database inventory of tree and shrub pollen types[J]. *Review of Palaeobotany and Palynology*, 2007, 145:135-141.

[379]Vos P, Hogers R, Bleeker M, et al. AFLP:a new technique

for DNA fingerprinting[J]. *Nucleon Acids Res,* 1995,23:4407–4414.

[380]Walker J W. Evolutionary signification of the exine in the pollen of primitive angiosperms. Linnean Society Symposium Series, Number 1[M]. *Academic Press Royal Botanic Gardens Kew*, 1976:251–308.

[381]Walter R Tulecke. Preservation and Germination of the Pollen of Ginkgo Under Sterile Conditions[J]. *Bulletin of the Torrey Botanical Club*, 1954, 81:509–512.

[382]Wang J, Yang C. Zhai Z H. The nuclear lamina in male generative cells of *Ginkgo biloba*[J]. *Sexual Plant Reproduction*, 1996, 9(4):238–242.

[383]Wang Y Q, Shen J K, Berglund T, et al. Analysis of expressed sequence tags from Ginkgo mature foliage in China[J]. *Tree Genetics & Genomes*, 2010, 6:357– 365.

[384]Weinges K, Hepp M, Jaggy H. Chemistry of gink–golides. Ⅱ isolation and structural elucidation of a new ginkgolide [J]. *Liebiga Ann Chem*,1987(6):521–526.

[385]Weising K, Winter K, Huttel B, et al. Microsatellite markers for molecular breeding [J]. *Gnome*, 1995, 38:757–763.

[386]Westendorf J, Regan J. Intoduction of DNA strand–breaks in primary rat hepatocytes by ginkgolic acids [J]. *Die Pharmazie*, 2000, 55(11):864– 865.

[387]Willian E F, Thomas E G. Photosynthesis in the female gametophyte of *Ginkgo biloba* L. [J]. *American Journal of Botany*, 1986, 73(9):1261–1266

[388]Willis K J, McElwain J C. The Evolution of Plants [M]. *New York:Oxford University Press*. 2002.

[389]Xi Y Z，Wang F H. Pollen exine ultrastructure of extant

Chinese gymnosperms [J]. *Cathaya*, 1989, 1:119–142.

[390]Xiang S, Usunow G, Lange G, et al. Crystal structure of 1–deoxy–D–xylulose 5–phosphate synthase, a crucial enzyme for isoprenoids biosynthesis [J]. *J Biol Chem*, 2007, 282 :2676–2682.

[391]Xie SanPing, Sun BaiNian, Yan DeFei, et al. Altitudinal variation in Ginkgo leaf characters:Clues to paleoelevation reconstruction [J]. *Science in China Series D:Earth Sciences*, 2009, 52(12):2040–2046

[392]Xiu Q L, Cheng S L, Wang Y F. The Pollen cones of Ginkgo from thearly cretaceous of China and their bearing on the evolutionary significance [J]. *Botanical Journal of the Linnean Society*, 2006, 52:133– 144.

[393]Xue T, Roy R. Studying traditional Chinese medicine [J]. *Science*, 2003, 300:740–742.

[394]Yan Xiao–Ling, Chen Ye–Ye, Cai Bi et al. Eleven novel microsatellite markers developed from the living fossil *Ginkgo biloba* (Ginkgoaceae) [J].*Conservation Genetics*, 2009, 10,(5):1277– 1279.

[395]Yang C, Li G, Zhai Z H. Ultrastructural characterization of the locomotory cytoskeletal system of the spermatozoid in *Ginkgo biloba* [J]. *Protoplasma*, 2000, 213 (1–2):108–117.

[396]Yao L H, Jiang Y M, Shi J, et al. Flavonoids in food and their health benefits [J]. *Plant Foods for Hum Nutr*, 2004, 59(3):113–122.

[397]Yeh F C, Yang R C, Boyle T, et al. POPGENE, the user–friendly shareware for population genetic analysis. Molecular Biology and Biotechnology Centre [M]. *University of Alberta, Edmonton, Canada*, 1997, 112–118.

[398]Young Jin Moon, Xiao–dong Wang, Marilyn E, et al.

Dietary flavonoids:Effects on xenobiotic and carcinogen metabolism [J]. *Toxicology in Vitro*, 2006, 20(2):187−210.

[399]Yun Y Y, Si−Hwan Ko, Jung−Won Park, et al. IgE im−mune response to *Ginkgo biloba* pollen [J]. *Annals of Allergy Asthma & Immunology*, 2000, 85(4):298−302.

[400]Zhang Z J, Tong Y, Zou J, et al. Dietary supplement with a combination of Rhodiola crenulata and *Ginkgo biloba* enhances the endurance performance in healthy volunteers [J]. *Chin J Integr Med*, 2009, 15(3):177−83.

[401]Zheng S，Zhou Z，A new Mesozoic Gingko from western Liaoning, China and its evolutionary significance [J]. *Review of Palaeobotany and Palynology*, 2004, 3:91−103.

[402]Zhong L，Zhou Y H，Ding C B，et al. Genetic variation of the genus Kengyilia by ISSR Markers [J]. *Front Biol China*, 2006, 26(4):375−380.

[403]Zhou L, Meng Q, Qian T, et al. *Ginkgo biloba* extract enhances glucose tolerance in hyperinsulinism−induced hepatic cells [J].*Journal of Natural Medicines*, 2011, 65(1):50−56.

[404]Zietkiewicz E, Rafalski A, Labuda D. Genome fingerprinting by simple sequence repeat (SSR) anchored polymerase chain reaction amplification [J]. *Genomica*, 1994, 20:176−183.

[405]Zou L, Harkey M R, Henderson G L. Effects of herbal components on cDNA− expressed cytochrome P450 enzyme catalytic activity [J]. *Life Sciences,* 2002, 71(13):1579−1589.

[406]Zuo X C, Zhang B K, Jia S J, et al. Effects of *Ginkgo biloba* extracts on diazepam metabolism:a pharmacokinetic study in healthy Chinese male subjects [J]. *European Journal of Clinical Pharmacology*, 2010, 66(5):503−509.

附录

缩略语词

简写符号	英文全称	中文全称
AFLP	Amplified fragment length polymorphism	扩增片段长度多态性
BB	Bilobalide	白果内酯
C4H	Cinnamic acid hydroxylase	肉桂酸羟化酶
cPTS	Cis-prenyltransferase	顺式 - 异戊烯基转移酶
DXR	deoxy-xylulose-5-phosphate Reductoisomerase	脱氧木酮糖 5- 磷酸还原异构酶
DXS	Deoxy-xyulose-5-phosphate Synthase	脱氧木酮糖 5- 磷酸合成酶
EB	Ethidium bromide	溴化乙锭
EDTA	Ethylene diaminete tracetic acid	乙二胺四乙酸
GA	Ginkgolide A	银杏内酯 A
GB	Ginkgolide B	银杏内酯 B
GBE	Extraction of Ginkgo biloba	银杏提取物
GC	Ginkgolide C	银杏内酯 C
GF	Ginkgolic flavone glycosides	银杏黄酮
GGPP	geranylgeranyl pyrophosphate	牻牛儿基牻牛儿基焦磷酸
GGPS	Geranylgeranyl Diphosphate Synthase	牻牛儿基牻牛儿基焦磷酸合成酶
GJ	Ginkgolide J	银杏内酯 J
GL	Ginkgolic Lactones	萜内酯类
GM	Ginkgolide M	银杏内酯 M
GPS	Geranyl diphosphate synthase	牻牛儿基焦磷酸合成酶
Gst	Coefficient of gene differentiation	基因分化系数
H	Nei’s (1973) gene diversity	基因多样度
HMG-CoA	3-hydroxy-3-methylglutaryl-coenzyme A	HMG-CoA 还原酶
HPLC	High performance liquid chromatography	高效液相色谱
Hs	The mean heterozygosity within populations	群体内的遗传变异
HSCCC	High-speed counter current chromatography	高速逆流色谱技术
Ht	Total genetic diversity for species	群体总遗传变异

I	Shannon' s information index	Shannon' s 信息指数
IPP	Isopentenyl pyrophosphate	异戊烯焦磷酸
ISSR	Inter simple sequence repeat	简单重复间序列
ITS	Internal transcribed spacer	基因转录间隔区序列分析
MECC	Micellar electrokinetic capillary chromatography	胶束电动毛细管色谱法
MEP	2-C-methyl-D-erythritol-4-phosphate	甲基赤藓糖醇 -4- 磷酸
MPN	4' -O-methmylpyridoxine	4' - 甲氧基吡哆醇
Ne	Effective number of alleles	多态位点的有效等位基因数
Nm	Gene flow	基因流
OM	Optical microscopy	光学显微镜
P	Percentage of polymorphic loci	多态位点百分数
P/E	Ratio of polar length to equatorial diameter	花粉极轴 / 赤道轴长
PAL	Phenylanine ammonia-lyase	苯丙氨酸解氨酶
PCR	Polymerase chain reaction	聚合酶链式反应
POD	Peroxidase	过氧化物酶
PS	Farnesyl pyro phosphate synthase	法尼基焦磷酸合成酶
RAPD	Random amplified polymorphic DNAs	随机扩增多态性 DNA
RFLP	Restriction fragment length polymorphism	限制性片段长度多态性
RP-HPLC	Reverse-phase high performance liquid chromatography	反相高效液相色谱
SCF	Supercritical fluid chromatography	超临界流体萃取
SEM	Scaning electron microscope	扫描电子显微镜
SFC	Supercritical fluid chromatography	超临界流体萃取
SLDW	Specific leaf dry weight	比叶干重
SLFW	Specific leaf flesh weight	比叶鲜重
SOD	Super oxide dimutese	超氧化物歧化酶
SSR	Simple sequence repeats	简单序列重复亦称 微卫星
TEM	Transmisson electron microscope	透射电子显微镜
TLC	Thin layer chromatography	薄层色谱法
tPTS	trans-prenyltransferase	异戊烯转移酶
UPGMA	Unweighted pair group method using arithmetic averages	类平均法
UV	Ultraviolet	紫外线

ICS 65.020.20
B 61
备案号：2353-2013

DB32

江 苏 省 地 方 标 准

DB32/T2353—2013

银杏容器扦插育苗技术规程

Technical regulations of container nursery with cuttings for *Ginkgo biloba*

2013-09-30 发布

2013-11-30 实施

江苏省质量技术监督局 发布

前　言

为规范银杏容器扦插育苗的容器种类与选择、圃地选择、育苗基质、苗床、硬枝扦插、嫩枝扦插、容器苗管理、苗木生产技术档案、容器苗出圃等内容，特制定本标准。

本标准按 GB/T1.1—2009《标准化工作导则 第 1 部分：标准结构和编写》进行编写。

本标准制定由扬州大学提出。

本标准制定单位：扬州大学、沛县农业委员会、扬州城市绿化工程建设有限责任公司。

本标准主要起草人：李卫星、陈鹏、冯沛、周春华、徐永山。

银杏容器扦插育苗技术规程

1 范围

本标准规定了银杏容器扦插育苗的术语和定义、育苗容器种类与选择、圃地选择、育苗基质、苗床、硬枝扦插、嫩枝扦插、容器苗管理、苗木生产技术档案、容器苗出圃等内容。

本标准适用于银杏容器扦插无性定向繁殖育苗。

2 规范性引用文件

下列文件中的条款通过本标准的引用而成为本标准的条款，且其最新版本也适用于本标准。

GB 6001–1985 育苗技术规程

GB 15569–2009 农业植物调运检疫规程

LY/T 10000–1991 容器育苗技术

3 术语和定义

下列术语和定义适用于本标准。

3.1 容器（Container）

容器是指育苗中用于盛装苗木培育基质的器皿。

3.2 基质（Matrix）

基质是指用于支撑植物生长的单一或混合材料。

4 育苗容器种类与选择

4.1 常用育苗容器种类

常用育苗容器有塑料薄膜容器、硬塑料杯、可降解纤维材料制作的网袋容器、牛皮纸等制作的容器等，具体规范等参见 LY/T10000−1991。

4.2 容器规格要求

育苗用容器，根据育苗地区、育苗期限、苗木规格、运输条件以及造林地区立地条件等具体情况选择。在保证造林成效的前提下，应尽量采用小规格容器（如塑料薄膜容器 9 cm × 14 cm）；如果在干旱季节和立地条件较差的造林地或在林冠下造林，则应选择规格较大的容器(如 12 cm × 16 cm)。本标准专指规格为 12 cm × 14 cm 的硬塑料杯。

5 圃地选择

符合 LY/T 10000−1991 的要求。

6 育苗基质

6.1 材料

草炭 : 珍珠岩 : 蛭石 =3:2:2。

6.2 消毒

用 40% 福尔马林溶液稀释 800 倍浇洒基质，基质含水量为 55% ~ 65%。充分翻拌基质均匀，用塑料薄膜覆盖 4 ~ 5 d，撤除覆盖物，晾晒至福尔马林溶液挥发，基质无气味。

7 苗床

7.1 苗床要求

容器育苗一般应在温室或塑料大棚内进行，因为这样方便控制温度和湿度，能为育苗创造较佳的生长条件，促进苗木加快生长，缩短育苗时间。

7.2 苗床建立

清除圃地杂草、石块等，平整土地，选用砖头或石块砌建苗床、步道。苗床高 20 ~ 25 cm，宽 1.0 ~ 1.2 m，长度以 20 ~ 25 m 为宜。步道宽 40 cm。圃地四周开深度、宽度分别为 40 cm 和 30 cm 的排水沟，做到内水不积，外水不淹。

7.3 基质装填

装填之前需将基质湿润，以手捏成团、摊开即散为度，基质装填容器时要装实，以装平容器口为宜。

7.4 容器摆放

苗床内先均匀地铺入 5 cm 厚的细沙，然后将装好基质的容器整齐靠紧地排放在苗床上，苗床周围用土培好，容器间空隙用细土填实。

8 硬枝扦插

8.1 插条准备

在秋末冬初，选用银杏幼树或大树中下部 1 年生枝条，剪取插穗（剪口不要在芽上）。

8.2 插穗剪截

采集的枝条，剪成长 10 ~ 15 cm 长的插穗，上剪口在芽的上方 1 cm 处，下剪口为单马耳形，离下部芽 1 cm，剪口要平滑，剪截插穗的刀具要锋利，要做到切口平滑、不破皮、不劈裂、不伤芽。

8.3 插穗处理

采集的枝条，将梢部、中部和基部的插穗，特别是带顶芽的梢头插穗要分别捆起来，下端平齐，每捆 50 根～100 根。将枝条下端 2 cm 在浓度为 1000 mg/kg 的 ABT-1、PRA、PRB 生根粉或萘乙酸溶液中浸蘸 10 s，或在 100 mg/kg 的溶液中浸泡 30 min，然后取出，竖于地窖内的干净河沙中或拱棚阳畦温床中，备扦插时用。

8.4 扦插时间

在早春土壤解冻后进行，土壤不结冻地区晚秋至早春可随时进行。

8.5 扦插方法

先用消过毒的木棒打孔，孔中放置插穗并将周围压实，插深 2 cm 左右。

9 嫩枝扦插

9.1 插条准备

在七月上旬，采用当年生半木质化的幼嫩枝条作插穗，剪成二芽或三芽一节的插穗，一般嫩枝扦插的成活率高于硬枝扦插。

9.2 插穗剪截

同 8.2。

9.3 插穗处理

随采随处理随扦插，处理方法同8.3。

9.4 扦插时间

在夏、秋早晚或阴天进行，插前剪去插穗入土部分的枝叶。

9.5 扦插方法

同 8.5。

10 容器苗管理

10.1 水分管理

扦插后采用全光照自动间歇喷雾，根据天气状况调节喷水量和喷水时间，一般设定上午7时至下午18时每隔10 ~ 15 min喷雾30 s，阴天可减少喷雾次数，雨天停喷。一般插后20 d左右即可生根，此时新叶逐渐展开，长势旺盛，说明扦插苗已经生根。这时可适当减少喷水，开始炼苗，使之增强对外界环境的适应能力。

苗床的温度过高、湿度过大，插条易生病腐烂。湿度过低，插条会干枯死亡。因此，在调节喷雾时，首先要保证叶片湿润，不萎蔫，同时要特别注意检查基质的含水量。最简单的方法是用手抓一把基质，握紧，指缝不滴水，手松开后基质不散开或稍有裂缝，表明基质含水量适宜；握紧时指缝滴水，含水量过高，应控制喷雾；基质散开，含水量过低，应喷雾补水。

10.2 光照管理

插床上覆盖遮阳网，遮光度30%左右，生根后，逐步揭去覆盖，增加光照，直至完全揭去遮阳网。

10.3 养分管理

插条生根后，用 0.1% 的尿素和 0.2% 的磷酸二氢钾液喷洒叶面，1 个月 1 ~ 2 次。也可结合浇水追肥，用配制的穴盘苗专用肥（氮:磷:钾 =2 ∶ 1 ∶ 1），配成 200 ~ 400 mg/kg 浓度的水溶液施用。追肥宜在傍晚进行，追肥后应及时用清水冲洗幼苗叶面。

10.4 病虫草害防治

银杏扦插苗的主要病虫害有地下害虫、食叶类害虫和茎腐病等。扦插后每隔 3 d，轮换喷洒 800 倍液的多菌灵或甲基托布津等杀菌剂，每 1 周喷 1 次氧化乐果、敌敌畏、敌百虫等杀虫剂，喷药一般宜在傍晚停止喷雾时进行。

扦插苗生根后，应适当减少喷药次数，可选择用 40% 甲基异硫磷 1000 倍液于下午灌根，杀灭地老虎效果达 90% 以上，还可兼治蛴螬、金针虫，用 2.5% 的敌杀死 3000 倍液或 40 % 氧化乐果乳油 500 倍液防治食叶类害虫，从 6 月份起每隔 20 d 喷一次 5% 的硫酸亚铁溶液，还可喷洒多菌灵、波尔多液等杀菌剂，预防茎腐病。

银杏扦插苗的草害防除，宜在容器基质潮湿时连根拔除杂草，除草后应及时浇透水。

10.5 补填基质

发现容器内基质下沉或由于浇水冲淋导致基质不满穴孔的 3/4 时，须及时填满基质，以防根系外露或积水烂根、致病。

11 苗木生产技术档案

按照本标准提出的各项技术要求建立相应的容器育苗技术

档案，主要内容和具体方法按 GB6001-1985 的规定执行。

12 容器苗出圃

12.1 出圃规格

幼苗茎干通直，长势良好，无机械损伤，无病虫害，株高 20 ~ 25 cm。

12.2 苗木检疫

按 GB 15569-2009 的规定执行。

12.3 包装运输

用竹筐、塑料筐或木框盛包装，每框容纳 50 ~ 60 株。苗木运输过程中要防止堆积重压、风吹日晒及冻害，并尽量缩短运输时间和距离。

江苏省地方标准《银杏容器扦插育苗技术规程》编制说明

一、目的意义

银杏（*Gingko biloba L.*）是我国古老的孑遗树种，也是我国分布最广泛的树种之一，集食用、药用、材用、保健、绿化、观赏为一体，被公认为“活化石”。银杏叶片含有类黄酮等生物活性物质，是提取治疗心脑血管疾病药物的首选材料，银杏雌雄异株，不同植株叶片内药用成分含量差异显著，有研究证实，银杏雄株叶片类黄酮等药用成分明显高于雌株，特别是用于银杏采叶园的雄株种苗需求较大。银杏是良好的景观和行道树，运用种实繁育种苗，在苗期和生长初期性别区分较难，若是银杏雌株，一般在栽植20年左右将开始结果，一方面结果会影响树势，另一方面银杏种实成熟后，若不及时采摘，连同外种皮自然坠落后也会污染、腐蚀路面，且散发特别的臭味，影响环境。银杏是古老的孑遗树种，正常栽培就有“假死”和“假活”现象，利用常用的扦插技术育苗成活率不高。制定《银杏容器扦插育苗技术规程》，明确银杏容器扦插育苗技术的术语和定义、育苗容器种类与选择、圃地选择、育苗基质、苗床、硬枝扦插、嫩枝扦插、容器苗管理、苗木生产技术档案、容器苗出圃等。可以提高扦插育苗的成活率，增加银杏种苗的供应量，可以有选择地培育雌株或雄株幼苗，对提供高质量的银杏种苗有重要意义。

二、任务来源

标准由扬州大学提出，江苏省质量技术监督局苏质技监标发〔2012〕127号批准立项。

三、编制过程

根据《银杏容器扦插育苗技术规程》编制方案，在长期从事银杏种苗繁育研究的基础上，2011年始，进一步调研收集整理了与《银杏容器扦插育苗技术规程》相关的资料，初稿形成后，与银杏种苗的生产、栽培管理等企事业单位的技术人员进行了交流。本标准在编制过程中，参照了邳州市林业局、泰州市农委等多家单位在生产实践中的资料积累。同时，召集了扬州大学、扬州市园林局以及徐州、泰州、扬州等地的有关专家和技术人员对标准草案进行了讨论和逐条修改。

四、标准有关指标确定的依据

根据银杏扦插繁殖的特点，参照《育苗技术规程》《容器育苗技术》《农业植物调运检疫规程》等技术规范，提出了银杏容器扦插育苗技术的容器种类与选择、圃地选择、育苗基质、苗床、硬枝扦插、嫩枝扦插、容器苗管理、苗木生产技术档案、容器苗出圃等。对银杏容器扦插育苗有一定的指导意义。

五、贯彻标准的主要措施和建议

1. 根据市场的需求，结合银杏种苗生产的实践，引导企业按标准培育银杏容器扦插苗，实现银杏种苗规范、快速的无性繁育。

2. 加大宣贯力度，引导银杏的科学栽培和开发利用，充分发挥银杏在绿化、美化城乡，提高人民生活质量，建设和谐社会等方面的作用。

ICS 65.020.20

B 61

备案号：2353-2013

DB32

江　苏　省　地　方　标　准

DB32/T2353—2013

银杏大树移栽技术规程

Technical regulations of big tree transplanting for *Gingko biloba* L.

2013-09-30 发布　　2013-11-30 实施

江苏省质量技术监督局 发布

前　言

为规范银杏大树移栽前的准备、挖掘、装卸、运输、栽植和移栽后的管理等环节，旨在提高移栽成活率，特制定本标准。

本标准按 GB/T1.1—2009《标准化工作导则 第 1 部分：标准结构和编写》进行编写。

本标准制定由扬州大学提出。

本标准制定单位：扬州大学、沛县农业委员会。

本标准主要起草人：李卫星、冯沛、陈鹏、周春华。

银杏大树移栽技术规程

1 范围

本标准规定了银杏大树移栽前的准备、挖掘、装卸、运输、栽植和移栽后的管理等环节。

本标准适用于银杏大树的移栽。

2 规范性引用文件

下列文件中的条款通过本标准的引用而成为本标准的条款，且其最新版本适用于本标准。

GB/T15776-2006 造林技术规程

GB 15618-1995 土壤环境质量标准

GB 4285-1989 农药安全使用标准

GB 2772-1999 林木种子检验规程

3 术语和定义

3.1 大树移栽（Big Tree Transplanting）

将胸径在 20 cm 以上的树木移栽到异地的活动。

4 大树选择

要求大树健壮，根系发达，树干通直，树冠丰满，生长良好，无病虫害。具体可参照 GB 2772-1999 和 GB/T15776-

2006 执行。

5 移前准备

5.1 移栽时间

银杏大树移栽时间在落叶至翌年春萌芽前都可以进行。

5.2 断根

五年内未进行移栽或切根处理的大树，要在移栽前 2 年进行断根缩坨处理。断根前要先确定移栽时土球的大小，一般为大树胸径的 8 ~ 10 倍。将确定的土球的外沿，分成相等的 6 段，第一年先在相对应的 3 个方向实施断根处理，沿间隔的三段由内向外挖宽 20 ~ 30 cm、深 40 ~ 50 cm 的沟。沟挖好后，用拌有肥料的土壤填入并夯实，定期浇水。到第二年春季或秋季再照上述方法挖断其余方向的根。经 2 年的处理，环状沟中长满须根后即可移栽。以上措施用时较长，有时可能达不到要求，但至少要提前半年左右进行。为防止树木倒伏，断根时一般要立好支柱。

5.3 修剪

银杏大树移栽前的修剪方法及修剪量应根据树冠生长情况、移栽季节、挖掘方式、运输条件、种植地条件等因素来确定，因银杏生长缓慢，一般不做强修剪，仅剪除交叉枝、病虫枝、伤残枝及枯死枝，保持原有树形。

5.4 扎冠

根据树冠形态和种植后造景的要求，树干、主枝应用草绳或草片收扎处理。收扎树冠时应由上至下，由内而外，依次向内收紧，大枝扎缚处要垫橡皮等软物，不能挫伤树木表皮。

5.5 树穴准备

树穴一般应在移栽前的 1 ~ 3 个月准备好。参照 GB/T15776- 2006 和 GB 15618-1995，种植穴的规格应根据土球的大小而定。种植穴应较土球直径加大 40 ~ 60 cm，加深 30 ~ 40 cm，坑壁要平滑、垂直。挖穴时，挖出的表层土和深层土要分开放置，挖出的建筑垃圾和多余土壤等应及时运走，穴挖好后后，每穴准备 50 ~ 60 kg 的农家肥，分别与表层土和心层土混合后待用。

6 挖掘

6.1 挖掘前准备

6.1.1 材料准备

挖掘前应将蒲包、蒲包片、草绳等包装材料用水浸泡好待用，备好支柱、支架。土球的高度一般为土球直径的 1/3 ~ 2/3 左右。

6.1.2 固定

银杏大树挖掘前，要立好支柱，防止倒伏。

6.2 挖树

6.2.1 挖树

挖树前以树干为中心，按规定尺寸划出圆圈，在圈外挖 60 ~ 80 cm 宽的操作沟，深至根系相应深度以下。挖时先去表土，见表根为准，再行下挖，遇粗根（直径大于 3 cm 的大根）必须锯断、削平，做到切口平滑，不得硬铲，以免造成劈裂或散坨。根截面直径大于 2 cm 的，应喷涂防腐剂。

6.2.2 修坨

用铁锹将所留土坨修成上大下小、呈截头圆锥型的土球，修剪整理根系。

6.2.3 土球捆扎

首先，用蒲包片、蒲包、麻袋片等将土球包严，并用草绳将腰部捆好；其次，土球捆扎时，采用螺旋式纵向缠绕法缠土球，操作时绳要收紧，随绕随敲打，用双股草绳以树干为起点，稍倾斜，从上向下绕到土球底沿沟内再由另一面返到土球上面，再绕树干顺时针方向缠绕，应绕成双层草绳，第 2 层与第 1 层交叉压花，草绳间隔一般 3 ~ 5 cm；最后，在土球腰部用草绳横绕 20 ~ 50 cm 的腰箍，草绳应缠紧，随绕随用木槌敲打，围好后将腰箍上下用草绳斜拉绑紧，避免脱落。注意绕草绳时双股绳要排好理顺。

完成打包后，将树木按预定方向推倒，遇有直根应锯断，不得硬推，随后再用蒲包片将底部包严。

7 装卸及运输

7.1 装卸

银杏大树的装卸及运输均需使用大型机械车辆，采用起重机吊装，起吊的着力点应在土球上，配备技术熟练的人员统一指挥。操作人员应严格按安全规范作业。装车时根系、土球向前，树冠朝后。

装卸和运输过程应保护好树木，尤其是要保证根系土球完好，装车后将土球放稳，用木板等卡紧，树冠应围拢，不能拖地，树干要包装保护，车厢尾部放稳支架，垫上软物（蒲包、草袋）用以支撑树干。

7.2 运输

运输时应派专人押车，押运人员应熟悉掌握树木情况、卸车地点、运输路线、沿途障碍等情况。短途运输时，押运人员应在车厢上与司机密切配合，随时排除行车障碍。

8 栽植

8.1 起吊入穴

银杏大树一般浅栽，栽植前应在树穴底部垫放一定厚度的混合土，使栽植后土球略高于地面 3 ~ 5 cm。再将大树轻轻斜吊于栽植穴内，撤除缠扎树冠的绳子，将树木立起扶正，土球放稳，切断去除土球的各种包装材料。

8.2 还土

还土时要分层进行，先填混合好的表层土，再填心土，每 30 cm 一层，直到最后踏实、填满为止。

8.3 围堰浇水

8.3.1 围堰

根据树木的规格大小及栽植形式开堰，堰壁应拍实，不得漏水，圆堰内径与坑沿相同，堰高 20 ~ 30 cm 左右，围堰时由堰外取土，避免堰内取土挖坏树根或土球。

8.3.2 促根处理

为提高银杏大树的移栽成活率，促使根系伤口早日愈合、早生新根，移栽后要进行促根处理。方法是结合浇水进行，用 25 ~ 50 mg/kg 的 ABT 生根粉灌根，使土球充分湿润。

8.3.3 浇水

栽植后，当天浇水，力求浇足浇透，为避免不足不透，可于隔天浇第 2 遍水，确保浇透。浇水时注意整堰，填土堵漏，待水完全渗入后，适时封堰。如栽后 10~15 d 连续干燥无雨，则须对银杏树进行灌水处理，每次灌水要灌透灌匀。

9 移栽后管理

9.1 支柱固定

大树移栽后必须设立支柱支撑。大树的支柱宜用三角支撑，3 根支撑木在树干的 1/3 ~ 2/3 处固定，支撑物与树干接触部位应加垫层。其中一根支撑必须与主风向相对，其他均匀分布。支柱一定牢靠固定，防止浇水后土壤下沉，树体倾斜、摇晃。

9.2 树干保湿

先用粗的草绳对整个树干进行缠扎，然后用水喷湿，再用塑料薄膜包裹，塑料薄膜应延伸至地面，用土覆盖。栽植后 3~5 周内，定期对树冠喷水，以补充叶片水分，增加空气湿度，可以早晚各 1 次，有利于减少树体水分的散失，有条件的地方也可用遮阳网对银杏树冠进行遮阳处理，效果更好。

9.3 松土

秋冬季及浇水后或透雨后，要及时进行中耕松土，增加土壤透气性和保湿性。

9.4 施肥

栽植当年一般不进行土壤施肥，可于每年的 6 月到 8 月进行叶面追肥，一般用尿素或磷酸二氢钾交替使用。尿素的浓度为 0.3% ~ 0.5%，磷酸二氢钾的浓度为 0.5% ~ 0.8%。第 2 年开始土壤施肥，方法是在土球上覆盖 5 cm 厚的腐熟有机质，同时沿栽植穴向外进行扩穴施肥，肥料以腐熟的有机肥为主，

N ∶ P ∶ K为2 ∶ 1 ∶ 1。

9.5 治虫

农药使用按照GB 4285−1989及国家对农药使用公告的规定执行。每年的4月底5月初，用2.5%溴氰菊酯乳油0.033%溶液进行树冠喷雾，防治银杏小卷叶蛾。每年的6月底和8月初，各用40%乐果乳油0.125%溶液或2.5%的溴氰菊酯0.033%溶液进行树冠喷雾一次，用于防治刺蛾及其他食叶害虫。

江苏省地方标准《银杏大树移栽技术规程》编制说明

一、目的意义

银杏（*Gingko biloba L.*）是我国古老的孑遗树种，也是我国分布最广泛的树种之一，集食用、药用、材用、保健、绿化、观赏为一体，被公认为“活化石”。银杏的树形雄伟壮观，秋天叶色金黄，是园林绿化的珍贵树种。胸径 20 cm 以上的银杏大树移栽已经成为城市绿化、园林栽植和疏密扩面的经常性工作，但银杏大树的移栽会严重地破坏正常的生长，且还有“假死”“假活”等现象，甚至会导致树体死亡。银杏大树移栽具有施工难度大、技术复杂、养护管理难等特点，银杏大树的移栽，目前尚无国家标准、行业标准。建立符合江苏省实际的银杏大树移栽技术规程，对于提高移栽成活率，推进绿化江苏、美化江苏建设具有重要的意义。

二、任务来源

标准由扬州大学提出，江苏省质量技术监督局苏质技监标发 [2012]127 号批准立项。

三、编制过程

本规程由扬州大学牵头，组织多年从事银杏研究的相关专家，在总结银杏大树移栽的实验成果和成功实践的基础上，进一步搜集银杏大树移栽的相关资料，共同讨论、研究制定的。

初稿形成后，我们又召集了扬州大学、扬州市园林局以及泰兴、如皋、邳州、南京、扬州等地的有关专家和技术人员对标准草案进行了讨论和逐条修改，最终形成本标准。

四、标准有关指标确定的依据

本规范的有关指标主要参照《造林技术规程》《土壤环境质量标准》《农药安全使用标准》《林木种子检验规程》等技术规范。根据银杏的生长习性，研究确定了银杏大树移栽前的准备、挖掘、装卸、运输、栽植和移栽后的管理等技术规范。规范对于增强银杏大树的移栽过程的控制，提高银杏大树移栽的成活率有一定的参考价值。

五、贯彻标准的主要措施和建议

1. 结合绿化江苏、美化江苏建设的推进，引导企业按标准规范移栽银杏大树。

2. 加大宣传贯彻，强化银杏古树名木的保护和合理开发利用。

致 谢

在多年的求知生涯中，陈鹏教授在学习、工作、生活等各个方面都给予了无私的指导和帮助，无论是业务知识的学习、研究的选题、试验的设计、校内外的调查取样、实验室的操作，还是研究成果的撰写、修改，陈鹏教授都给予了悉心指导和热情关怀。陈鹏老师渊博的学术知识、严谨的治学态度、活跃的创新思维、开阔的学术视野、求实的科研作风、幽默的语言表达和忘我的敬业精神都深深地影响着我、激励着我，是我终身学习的榜样。值此成果出版之际，再次向恩师致以最衷心、最诚挚的敬意和感谢！

衷心感谢园艺学科陈学好教授、薛林宝教授、陶俊教授在研究过程中的支持和关心！感谢果树学科的韦军教授、周春华教授、金飚教授、王莉教授、凌裕平副教授、徐小勇副教授以及其他老师在实验研究、文献搜集、草稿撰写、修改等方面给予的指导与帮助！

课题组的于建友、张秀萍、甄真、赵琛等同学在研究实验材料的采集、仪器分析、数据整理等方面做了大量细致的工作，感谢研究生何智冲、叶蕴灵、赵贝贝、徐宁焘在书稿编辑过程中给予的帮助！感谢大家的支持与帮助！与你们一起奋斗的日子开心而充实！

感谢扬州市绿化委员会、扬州瘦西湖风景管理处、邳州市农业委员会、沛县农业委员会等单位的领导和工作人员在室外调查取样等工作中给予的大力支持与帮助！

感谢扬州大学出版基金对本书出版的资助！

多年以后，突发奇想，要将论文出版。感谢导师陈鹏教授，在酷暑里，挥笔洒墨为拙作赐序。感谢吉林大学出版社各位编辑的辛勤劳动。本书的主要内容是在攻读博士期间完成的，难免有失偏颇，愿以拙作抛砖引玉，吸引更多的人科学认识银杏、积极研究银杏、大力推广银杏，共同推动银杏产业的健康发展。敬请读者不吝赐教、批评指正。

作者

2019 年 8 月